AF452491

COURS ÉLÉMENTAIRE et Première année du COURS MOYEN

L'ANNÉE PRÉPARATOIRE

D'AGRICULTURE

ET D'HORTICULTURE

D'APRÈS LES PROGRAMMES OFFICIELS

Leçons. — Leçons de choses rurales.
Résumés. — Rédactions. — Problèmes. — Expériences
et Excursions. — Questionnaires.

141 FIGURES

PAR

H. RAQUET

Professeur départemental d'agriculture de la Somme,
Ancien professeur d'École normale, Officier d'Académie, Chevalier
du Mérite agricole.

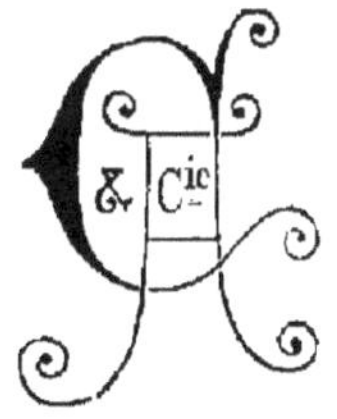

PARIS

ARMAND COLIN ET Cie, ÉDITEURS

5, RUE DE MÉZIÈRES, 5

—

1895

PRÉFACE

Il est utile de faire prendre de bonne heure, aux enfants de nos écoles, l'habitude de voir et d'observer, de travailler des bras et des mains ; enfin, de les initier peu à peu aux hygiéniques travaux des jardins et des champs.

Pour arriver à ce but et obtenir des résultats sérieux, un guide paraît nécessaire : tel est, dans tous les cas, l'objet de l'**Année préparatoire d'Agriculture et d'Horticulture.**

Rédigé dans l'esprit essentiellement pratique et pédagogique des nouveaux programmes, ce petit livre contient des exercices variés, des *leçons de choses rurales*, des *résumés*, des *problèmes* et des indications d'*expériences* et d'*excursions* à faire dans l'école ou dans les environs.

Des figures nombreuses et soignées interprètent le texte et parlent aux yeux des enfants.

Puisse l'**Année préparatoire** mériter l'extrême bienveillance avec laquelle a été accueillie son aînée, la *Première année d'Agriculture et d'Horticulture*, dont le succès va croissant d'année en année.

L'ANNÉE PRÉPARATOIRE
D'AGRICULTURE ET D'HORTICULTURE

I. — LE JARDIN

1. Définitions. — La plupart de vos parents consacrent un espace de terre plus ou moins grand à la culture des *légumes* *, des *arbres fruitiers* et des *fleurs*.

Cet espace de terre se nomme **jardin**.

La culture du jardin se nomme **horticulture**.

Les **légumes** et les **fruits** sont excellents pour la santé et nous permettent de varier notre nourriture.

Les **fleurs** nous réjouissent par leurs couleurs variées et par leur odeur.

2. Situation et exposition du jardin. — Le jardin (fig. 1) doit, autant que possible, être situé près de la maison d'habitation, dans une terre de bonne qualité, profonde et *légère* plutôt que *forte*.

La meilleure exposition pour le jardin est celle du midi.

On doit éviter de créer un jardin au nord de bâtiments dont l'ombre serait nuisible à la production.

Le jardin doit être entouré de murs.

Les murs sont bien préférables aux haies vives * qui demandent beaucoup d'entretien et dont les racines épuisent le sol environnant.

D'un autre côté, les murs permettent de cultiver des arbres fruitiers en espalier*, ou des treilles de vigne pour la production des raisins de table.

Au pied des murs les mieux exposés, on réserve

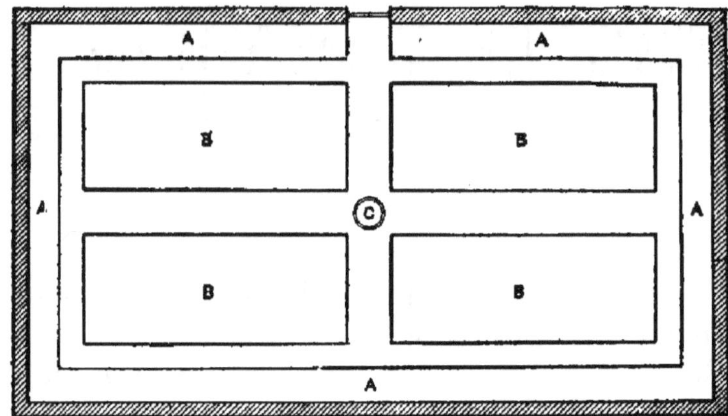

FIG. 1. — Jardin entouré de murs. — A, A, A, A, plates-bandes le long des murs ; — B, B, B, B, carrés consacrés à la culture des légumes ; — C, puits ou citerne.

des plates-bandes* A, A (fig. 1), qui permettent d'ob-

FIG. 2. — La vie en plein air donne *force, santé* et *franche gaieté*.

tenir quelques légumes dès les premiers jours du

printemps. Le jardin doit être pourvu d'un puits C ou d'une citerne, ou être peu éloigné d'un cours d'eau, d'une mare.

Aimons la culture du jardin; elle nous initiera à la culture des champs.

Celui qui est bon jardinier devient facilement bon cultivateur.

La terre donne de bons produits à ceux qui la travaillent avec soin. Elle les paye généreusement des peines qu'ils prennent pour la *tourner*, la *retourner* et ne *laisser nulle place où la main ne passe et repasse*.

En outre, la vie au grand air donne *force*, *santé* et *franche gaieté*.

Sous ce point de vue, l'ouvrier des champs (fig. 2) est bien plus heureux que l'ouvrier des villes qui travaille dans des endroits trop souvent insalubres * et qui habite des logements étroits que le soleil ne visite guère.

LEÇONS DE CHOSES

1° ORGANES AU MOYEN DESQUELS LES PLANTES VIVENT

3. Les racines. — Pour vivre, les plantes ont des organes * que nous allons apprendre à connaître.

A cet effet, examinons attentivement les différentes parties du cerisier (fig. 3) planté dans le jardin de l'école.

Il a des **racines** A, qui s'enfoncent dans la terre.

Les racines fixent solidement l'arbre au sol. Par ses racines, l'arbre puise dans le sol une partie de sa nourriture dissoute dans l'eau.

4. La tige et les branches. — La tige B s'élève au-dessus des racines.

De la tige naissent les **branches** C, qui sont comme la charpente de notre cerisier.

5. Les feuilles. — Au printemps, l'arbre se couvre de **feuilles** D.

Les feuilles sont vertes. Par ses feuilles, l'arbre *respire* et *transpire* comme nous le faisons par la bouche et par toute la surface* de notre peau. Les feuilles sont, pour ainsi dire, les *poumons* * de l'arbre.

Nous avons vu dernièrement un groseillier à grappes dont les chenilles avaient dévoré les feuilles ; les fruits étaient chétifs, à peine rouges, alors que les groseilliers épargnés par les insectes portaient des fruits bien mûrs.

Vous savez aussi que, dans les vignes atteintes de **mildew** * (prononcez *mildiou*), les feuilles se dessèchent et tombent avant la maturité du raisin. Celui-ci ne donne qu'un vin médiocre, et le sarment* se trouve dans de mauvaises conditions pour la production de l'année suivante.

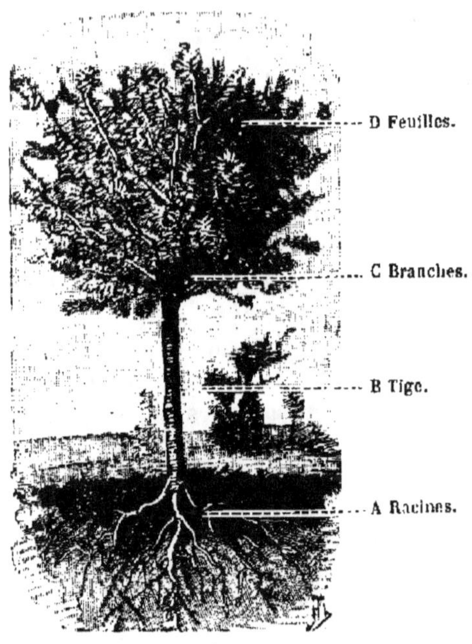

Fig. 3. — L'arbre et ses *organes.*

Certains cultivateurs ont encore aujourd'hui l'habitude d'enlever aux betteraves en végétation, une partie de leurs feuilles.

Ils font grand tort à ces plantes.

Pour s'en assurer, il suffit de choisir dans un champ, six betteraves de même grosseur, d'enlever les feuilles à trois de ces betteraves ; au moment de la récolte, on constatera que les betteraves effeuillées sont plus petites que les autres.

Ces exemples suffisent pour nous faire comprendre l'importance des feuilles dans la vie des plantes.

6. La sève. — Mettons un morceau de sucre dans ce verre d'eau et voyons ce qui va se passer.

Le sucre fond peu à peu, se *dissout*, comme on dit. Goûtons l'eau : elle est sucrée.

Eh bien ! la terre renferme diverses substances qui, comme le sucre, fondent, se dissolvent dans l'eau qu'elle contient.

Il en résulte un liquide, un *suc* qui sert de nourriture aux plantes.

Les racines absorbent* ce suc par leurs extrémités.

Le liquide absorbé se nomme **sève**.

Des racines, la sève *monte* dans la tige : c'est la **sève montante** ; elle se rend dans les branches et dans les feuilles où elle est transformée et rendue nutritive.

Des feuilles, la sève revient se distribuer dans toute la plante, en passant sous l'écorce : c'est la **sève descendante**.

2° LA TOILETTE DU JARDIN

GEORGES. — Ce matin, j'ai vu, à l'extrémité du village, un jardin dont les allées sont couvertes d'herbe si haute, qu'il serait impossible de s'y promener sans se mouiller jusqu'aux genoux.

M. DUMONT. — Mon ami, il ne faut pas laisser pousser ainsi l'herbe dans les allées du jardin ; mais dites-nous d'abord ce qu'on entend par les *allées* du jardin ?

GEORGES. — Les allées du jardin sont de petits chemins.

M. DUMONT. — Oui, de petits chemins, larges de 1^m,50 à 2 mètres au plus.

Les allées (fig. 1) sont établies pour la circulation de l'homme et pour faciliter le transport des engrais.

Pour bien fixer la largeur des allées, on les borde avec de l'oseille, des fraisiers ou des fleurs naines.

Évitons, en général, d'employer le buis * pour faire des bordures : le buis demande beaucoup d'entretien et sert de refuge à une multitude d'insectes nuisibles.

Les allées du jardin doivent être grattées souvent. Afin d'empêcher l'herbe d'y pousser trop abondamment, on répand sur le sol, des escarbilles, ou grosses cendres de charbon de terre.

RAOUL. — De cette façon, on n'enlève pas la terre aux pieds lorsqu'il pleut ou qu'il dégèle.

M. DUMONT. — Justement. Maintenant, arrachons les mauvaises herbes qui ont poussé dans les carrés de notre jardin depuis que la récolte est faite.

RAOUL. — Que ferons-nous de cette herbe, Monsieur ?

M. DUMONT. — Voyez-vous ce trou, dans le coin, à droite ? Nous y déposerons ces mauvaises herbes, les grattures des allées, les détritus de légumes; nous y ajouterons les balayures de la classe et de la rue et nous y répandrons, de temps en temps, un peu de sulfate* de fer ou de plâtre. Nous y verserons aussi les eaux grasses de la cuisine, les eaux de toilette, et nous obtiendrons ainsi un excellent engrais, ne coûtant presque rien et ayant autant de valeur que le meilleur fumier.

PAUL. — Alors, le jardin sera toujours propre et les légumes ne seront pas étouffés par les mauvaises herbes.

M. DUMONT. — Oui, mon ami; et cette propreté indiquera que le maître du logis a le goût du jardinage et qu'il sait faire pousser de beaux et bons légumes.

RÉSUMÉ

I. Le **jardin** est l'espace de terre consacré à la culture des *légumes*, des *arbres fruitiers* et des *fleurs*.

La culture du jardin se nomme **horticulture**.

II. Le jardin ne doit pas être trop éloigné de la **maison** d'habitation.

La meilleure exposition pour le jardin est l'exposition du midi.

Le jardin doit être entouré de murs qui sont préférables aux haies vives.

Les **allées** du jardin doivent être tenues proprement et les mauvaises herbes des carrés doivent être converties en engrais.

III. Les **racines** puisent dans le sol une partie des substances qui nourrissent les plantes.

IV. La **tige** surmonte les racines. De la tige naissent les branches.

V. Les **feuilles** sont, pour ainsi dire, les poumons de la plante.

VI. La **sève** est le liquide qui circule dans les plantes.

La sève *monte* des racines jusqu'aux feuilles ; puis des feuilles, elle *descend* se distribuer dans toute la plante.

EXERCICES

Rédactions. — I. A quoi servent les légumes ? — Où cultive-t-on les légumes ? — Citez deux plantes du jardin dont on utilise les feuilles (choux, salades). — Comment mange-t-on les feuilles de ces légumes ? — Pourquoi lie-t-on les chicorées ? — Pourquoi ne lie-t-on pas les choux ?

II. Faites la description du jardin de l'école (exposition, clôture, allées) et dites les avantages que procure la culture d'un jardin.

Problèmes. — I. On a récolté dans un petit jardin, des légumes qu'on estime 38f,75. Quel bénéfice net a produit la culture de ce jardin, sachant qu'on a employé du fumier pour 10f et que le travail est évalué à 16f,50 ?

II. Si 1 litre de haricots vaut 0f,35, quelle sera la valeur de 3 petits sacs contenant chacun 15 litres de haricots ?

Expériences et excursions. — I. Montrer aux enfants une bêche et un râteau et leur indiquer comment on travaille la terre du jardin avec ces outils.

II. Dans un vase contenant une poignée de haricots, verser assez d'eau pour qu'ils baignent. Au bout de quelques heures, constater que les haricots se sont gonflés. Dire pourquoi et tirer une conclusion relative à l'ensemencement des haricots, des pois, etc.

QUESTIONNAIRE. — **1.** Qu'est-ce qu'un jardin ? — Comment se nomme la culture du jardin ? — **2.** Quelle doit être la situation du jardin ? — Quelle exposition doit-on choisir pour établir un jardin ? — Quels avantages présentent les murs pour la clôture d'un jardin ? — **3.** A quoi servent les racines ? — **4.** Qu'est-ce que la tige ? — Qu'est-ce que les branches ? — **5.** Quelle est la principale fonction des feuilles ? — Qu'arrive-t-il si une plante est privée de ses feuilles ? — **6.** Qu'est-ce que la sève ? — Comment la sève circule-t-elle dans les plantes ?

II. — NATURE DES TERRES

7. Terres calcaires. — Mettons une petite pierre plate sur le trou percé au fond de ce pot à fleurs (fig. 4), et remplissons notre vase avec la terre *blanchâtre* que nous avons recueillie dernièrement dans les champs voisins des fourneaux où l'on fabrique de la chaux.

Versons de l'eau sur cette terre. L'eau ne séjournera pas long-

Fig. 4.—*L'eau*, versée sur la terre blanchâtre contenue dans le pot à fleurs A, traverse facilement cette terre : c'est une terre **calcaire**.

temps dans notre terre. Tenez! la voilà qui s'échappe par le trou du pot.

Cette terre ne *retient* donc pas facilement l'eau.

Eh bien! dans les terres qui ressemblent à celle dont nous venons de nous servir, l'eau des pluies passe comme à travers un tamis; elle entraîne les engrais loin des racines, et les plantes ont trop souvent à souffrir de la sécheresse : ce sont des inconvénients.

Les terres de cette nature sont appelées **terres calcaires**.

Lorsque vous rencontrerez dans une terre, des plantes nuisibles comme le *mélampyre* ou *rougeole* (fig. 5) et l'*ononis* ou *arrête-bœuf* (fig. 6), vous pourrez affirmer que cette terre est calcaire.

8. Terres siliceuses. — Répétons l'expérience précédente avec cette autre terre qui, comme vous le voyez, renferme beau-

FIG. 5. — Mélampyre ou rougeole (terrains calcaires).

FIG. 6. — Ononis ou arrête-bœuf (terrains calcaires).

coup de sable. Cette terre est humide et cependant elle s'émiette facilement.

FIG. 7. — Bruyère (terrains siliceux).

FIG. 8. — Fougère (terrains siliceux).

Elle se laisse aussi traverser trop facilement par l'eau.

Les plantes cultivées dans une terre de cette

nature souffrent également de la sécheresse.
Cette terre se nomme **terre siliceuse ou sableuse**.

Les *bruyères* (fig. 7) et les *fougères* (fig. 8) poussent dans les terres siliceuses.

9. Les terres argileuses. — Nous avons vu, dans nos promenades du jeudi, des terres difficiles à cultiver : par la pluie, elles se collent aux instruments de labour; par la sécheresse, elles sont si dures que les instruments agricoles ne les entament que difficilement.

Ces terres sont appelées **terres argileuses, terres fortes, terres glaiseuses, terres froides**.

La *prêle* ou *queue-de-cheval* (fig. 9) y croit facilement.

10. Terres franches. — Examinons maintenant la terre de notre jardin. Elle est douce au toucher; sa couleur est d'un jaune brun; elle n'est ni trop forte ni trop légère.

Fig. 9. — Prêle ou queue-de-cheval (terrains argileux).

Nous pouvons la travailler sans trop de difficulté, et les plantes y souffrent rarement de la sécheresse ou de l'humidité.

Les terres de cette nature sont d'excellente qualité : on les nomme **terres franches**.

La plupart des plantes, comme le blé, le trèfle, le maïs et tous les légumes, réussissent très bien dans les terres franches.

LEÇON DE CHOSES

ANALYSE ÉLÉMENTAIRE DE LA TERRE

11. Le calcaire. — Mettons dans ce verre (fig. 10) de la craie réduite en poudre; versons sur cette craie du vinaigre très fort. Voyez! il se produit une sorte de bouillonnement.

La craie est du **calcaire**.

Voici maintenant de la terre prise dans notre jardin et qui est bien desséchée.

Mettons une portion de cette terre dans notre verre débarrassé de la craie; délayons-la avec un peu d'eau, en remuant avec une règle, et versons-y du vinaigre. Il y a encore bouillonnement, mais moins fort que tout à l'heure, lorsque nous nous sommes servis de craie.

Cela nous indique que notre terre renferme du calcaire.

Fig. 10. — De fort vinaigre, versé sur de la craie pulvérisée, fait *bouillonner* cette craie.

12. La silice. — Débarrassons de nouveau notre verre et mettons-y le reste de notre terre desséchée.

Délayons-la bien avec de l'eau et laissons reposer quelques instants.

Versons doucement l'eau trouble.

Que reste-t-il au fond du verre? Du sable plus ou moins fin.

Ce sable se nomme **silice**.

13. L'argile. — Mais par quoi l'eau que nous avons jetée a-t-elle pu être troublée? Par une autre substance appelée **argile** et à laquelle étaient unies quelques parcelles de **terreau** ou **humus**, provenant de la décomposition du fumier ou des herbes enfouies dans le sol.

C'est avec l'argile pure que l'on fabrique les tuiles, les briques, la poterie.

Les quatre éléments que nous venons de trouver dans la terre de notre jardin : *calcaire, silice, argile, terreau*, entrent en quantités variables dans les divers sols.

Le calcaire domine dans les terres calcaires; la silice domine dans les terres siliceuses; l'argile entre en forte proportion dans les terres argileuses; toutes contiennent plus ou moins de terreau.

Seules les terres franches renferment, en proportion convenable, du calcaire, de la silice, de l'argile et du terreau.

RÉSUMÉ

I. Les **terres calcaires** sont blanchâtres. Elles laissent passer trop facilement l'eau des pluies.

II. Les **terres siliceuses** renferment beaucoup de sable ; elles s'émiettent facilement et se dessèchent promptement.

III. Les **terres argileuses** sont froides, humides et très difficiles à cultiver en toute saison.

IV. Les terres franches conviennent à la culture de presque toutes les plantes. Elles sont douces au toucher et elles ont une couleur jaune brun.

V. Les principaux éléments qui entrent dans la composition des divers sols sont : le **calcaire**, qui domine dans les *terres calcaires;* la **silice**, qui domine dans les *terres siliceuses;* l'**argile**, qui domine dans les *terres argileuses;* le **terreau** ou **humus**, qui entre en proportion variable dans ces divers sols.

VI. Les **terres franches** renferment, en proportion convenable, du calcaire, de la silice, de l'argile et du terreau.

EXERCICES

Rédactions. — I. Citez les principaux arbres et arbustes fruitiers que vous connaissez. — Dites le nom des fruits qu'ils portent. — Quels sont ceux qui fleurissent dès les premiers jours du printemps? — Qu'arrive-t-il s'il pleut trop au moment de la floraison? — Qu'arrive-t-il lorsque la température baisse et que le temps reste clair pendant la nuit?

II. Quel nom donne-t-on à l'appareil dont on se sert pour chauffer la classe? — Quel est l'inconvénient de la chaleur produite par le poêle? — Comment remédie-t-on à cet inconvénient?

Problèmes. — I. Un cultivateur a récolté 600 bottes de foin; il en a employé 375 pour la nourriture de ses animaux domestiques. Le reste est vendu 25ᶠ les 100 bottes. Combien cette vente lui a-t-elle rapporté?

II. Votre père a fait planter, le long des murs de son jardin, 18 poiriers et 7 pêchers. Chaque poirier lui a coûté 0ᶠ,75 et chaque pêcher 1ᶠ,15. Les frais de plantation se sont élevés à 10ᶠ : combien votre père a-t-il dépensé pour cette plantation?

Expériences et excursions. — I. Prendre une tige de blé et montrer les racines, la tige, les feuilles, les graines. Dire à quoi servent les nœuds que l'on voit de distance en distance sur la tige.

II. Semer dans un pot de la graine de laitue récoltée l'année précédente. Semer dans un autre pot de la vieille graine de cette même plante. Au bout de 15 jours, constater les résultats et conclure.

QUESTIONNAIRE. — **7.** Qu'appelle-t-on terres calcaires? — Quelles plantes nuisibles croissent dans les terres calcaires? — **8.** Qu'est-ce que les terres siliceuses? — Quelles plantes nuisibles rencontre-t-on dans les terres siliceuses? — **9.** Qu'appelle-t-on terres argileuses? — Quelle plante nuisible rencontre-t-on dans les terres argileuses? — **10.** Qu'appelle-t-on terres franches? —Quels avantages offrent les terres franches? — **11.** Comment s'y prend-on pour connaître la présence du calcaire dans une terre? — **12.** Comment s'y prend-on pour connaître qu'une terre renferme de la silice? — **13.** Comment reconnaît-on la présence de l'argile? — Qu'est-ce que le terreau ou humus?

III. — INSTRUMENTS EMPLOYÉS POUR LA CULTURE DU JARDIN

14. La bêche. — Si nous cultivons la terre de notre jardin avec soin, nous la rendons *meuble**; l'air et la chaleur, qui sont indispensables à l'accroissement des plantes, y pénètrent alors facilement et nous obtenons de belles et abondantes récoltes.

La bêche (fig. 11) est le principal instrument employé pour la culture du jardin.

La bêche est composée d'un manche droit A, bien poli, auquel est fixée solidement une lame tranchante B en acier.

15. Comment on se sert de la bêche. — Apprenons à nous servir de la bêche.

Pour cela, mettons la main gauche vers la partie supérieure A (fig. 12) du manche, et la main droite vers le milieu B.

Plaçons le fer C contre la terre, de manière que l'instrument soit penché du côté de notre corps.

Mettons le pied droit en D, sur la partie supé-

Fig. 11. — La bêche. — A, manche ; — B, lame tranchante en acier.

Fig. 12. — Comment on s'y prend pour bêcher.

rieure de la lame et appuyons sur cette lame pour la faire pénétrer tout entière dans le sol.

Pesons maintenant de la main gauche sur la partie supérieure du manche ; soulevons l'instrument de la main droite ; renversons sens dessus dessous la petite bande de terre détachée et brisons les plus grosses mottes avec le fer de la bêche.

Si nous continuons de la même façon, bientôt nous aurons bêché cette petite planche* de notre jardin.

16. Le râteau. — Voyez cette planche qui a été bêchée hier ; elle n'est pas parfaitement unie ; vous y remarquez des mottes plus ou moins grosses.

Cette autre planche à côté est ensemencée ; toutes les mottes ont été brisées ; le sol est bien uni.

Dans le jardin, nous employons le **râteau** (fig. 13)

Fɪɢ. 13. — Le râteau sert à *briser* les mottes et à *aplanir* le sol.

pour briser les mottes, pour enlever les racines et les pierres que la bêche a mises à découvert et pour aplanir le sol avant de l'ensemencer.

17. La binette-serfouette. — Les pluies, les arrosages tassent la terre ; les chaleurs prolongées la durcissent.

Dans ces conditions, les racines des plantes sont

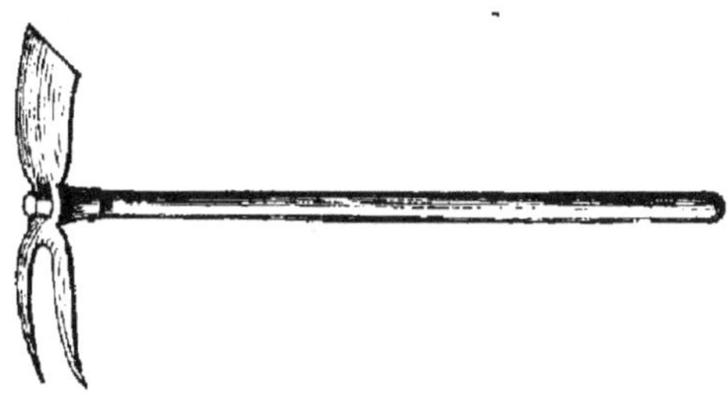

Fɪɢ. 14. — La binette-serfouette est employée pour *biner* et pour *sarcler*.

comme emprisonnées dans le sol et les plantes souffrent.

Il est alors utile de remuer, de piocher superficiellement la terre, afin de l'exposer à l'air et de conserver son humidité.

Cette culture superficielle se nomme *binage*.

D'un autre côté, les plantes nuisibles qui poussent toujours en assez grande quantité, vivent au détriment des plantes utiles. De là, la nécessité de détruire ces plantes nuisibles.

On obtient ce résultat par le *sarclage*.

Le binage et le sarclage se font à l'aide de la **binette - serfouette** (fig. 14).

FIG. 15. — La *brouette* sert au transport des fumiers.

18. Autres instruments de jardinage. — Pour transporter le fumier dans le jardin, on emploie la **brouette** (fig. 15).

Pour dresser les planches ou pour tracer des rayons, on se sert du **cordeau** (fig. 16).

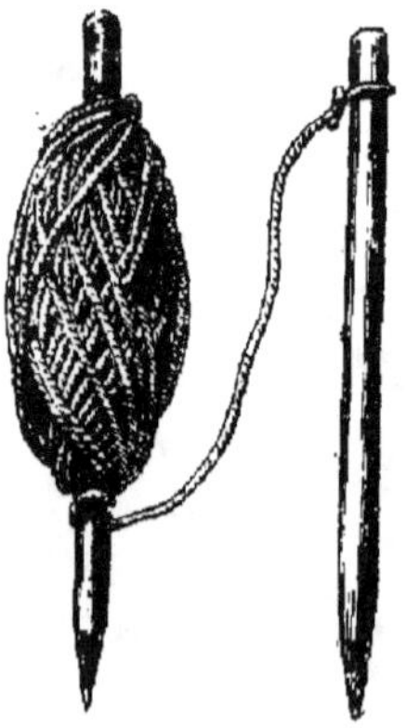

Pour planter les légumes, on se sert du **plantoir** (fig. 17).

Pour épandre le fumier sur le sol avant de le labourer, on se

FIG. 16. — Le cordeau sert à tracer des rayons.

FIG. 17. — Le **plantoir** est utilisé pour la plantation des légumes.

sert de la **fourche** (fig. 18), à trois ou à quatre dents.

19. Soins à donner aux instruments de jardinage. — Lorsque nous nous sommes servis d'un instrument de jardinage, ne le laissons pas dans le jardin, exposé à la pluie, qui occasionne la rouille des parties en fer et la pourriture des manches.

Ne le laissons pas non plus exposé à l'ardeur du soleil, qui dessèche les manches et les disloque.

Fig. 18. — La **fourche** sert à épandre les fumiers.

Rentrons-le dans un endroit sec, après avoir enlevé la terre qui le recouvre.

A l'entrée de l'hiver, couvrons les parties en fer et les manches d'une couche d'huile siccative * de lin.

LEÇONS DE CHOSES

1° CULTURE DE LA TERRE EN HIVER

M. Dumont. — Que fait en ce moment votre père, Raoul ?

Raoul. — Depuis hier, mon père s'occupe à bêcher notre jardin, dont tous les légumes ont été rentrés à l'approche de l'hiver.

M. Dumont. — Votre père s'occupe donc des labours d'hiver.

Les labours d'hiver ont pour but d'enfouir le fumier, de mettre la terre en contact avec l'air, de l'exposer aux gelées, à la neige, afin qu'elle se mûrisse, qu'elle se travaille mieux au printemps.

On dit avec raison que les labours d'hiver valent une demi-fumure.

Cette pratique est excellente lorsque le labour est bien fait.

Raoul. — Mais, Monsieur, qu'est-ce donc qu'un labour bien fait?

M. Dumont. — Je vais vous le faire comprendre. Regardez : j'enfonce ma bêche à trente centimètres de profondeur et je retourne la terre de haut en bas, sans briser la motte.

Voyez-vous cette couche de terre provenant du fond ? Elle se compose d'argile et de craie et ne renferme que peu d'engrais. Au printemps, grâce aux gelées et aux dégels, elle sera mélangée à la bonne terre dont elle partagera la nourriture.

Raoul. — Oui, Monsieur; mais comme il y aura plus de monde à table, les morceaux seront moins gros.

M. Dumont. — Parfaitement, et j'en conclus d'abord qu'il ne faut pas labourer *trop* profondément.

D'un autre côté, si je bêche à dix centimètres seulement, la couche de terre cultivée sera trop peu épaisse et se desséchera vite en été.

Les plantes qui, alors, n'auront pas assez d'humidité souffriront et peu à peu mourront.

Raoul. — Comment faire alors lorsque le sol est peu profond et que la partie au-dessous du sol n'est pas de bonne qualité ?

M. Dumont. — Sachez d'abord que la partie située sous le sol se nomme *sous-sol*. Sachez ensuite que si le sol est peu profond, il faut en augmenter, *peu à peu*, l'épaisseur, en le mélangeant avec le sous-sol; mais retenez bien qu'il ne faut pas faire ce travail d'un seul coup.

2° LES DOLÉANCES * DE LA TERRE

Dans un rêve, le petit Franck entendit un bruit plus fort que celui de cent mille canons tonnant ensemble.

Il vit un grand trou s'ouvrir au pied de son lit, de cent lieues de long sur cent lieues de large; cinquante soleils illuminèrent sa chambre.

Une vieille femme, de cinquante pieds de haut, sortit du trou, déguenillée, maigre, mal peignée, criant et pleurant.

« Me connais-tu, mon petit Franck ?

— Non vraiment, Madame.

— Je m'appelle la Terre ; je nourris le monde et je suis ta grand'mère.

— Vous pleurez, ma grand'mère. Pourquoi?

— Le mauvais cultivateur me fait du chagrin. Il laboure et sème toujours le même grain, sans fumer, sans rien me donner.

Dis-lui donc ça, mon petit Franck.

— Ma grand'mère, je lui dirai ça.

— Dans son jardin, le jardinier se montre plus intelligent : il ne sème pas d'oignons, de pois dans les carrés où il y en avait l'année précédente ; il ne met pas choux après choux.

Le jardinier a soin de moi.

Mais le laboureur sème souvent blé après blé, avoine après avoine.

Le laboureur m'épuise et ne récolte rien.

Dis-lui donc ça, mon petit Franck.

— Je le lui dirai, ma grand'mère.

— Si le laboureur me fume bien et ne met qu'un blé, s'il défriche un herbage : trèfle, sainfoin ou minette, je donne triple récolte, longue paille et beaux épis, grain pesant et bien nourri. Je rends plus dans un an que dans quatre.

Dis-lui donc ça, mon petit Franck.

— Je lui dirai ça, ma grand'mère.

— La mauvaise herbe me mange. Pour la faire disparaître, le seul moyen, c'est de me mettre en herbe.

Dis-lui ça, mon petit Franck.

— Je le lui dirai, ma grand'mère.

— Mon Dieu, je ne demande pas à me reposer ; mais deux grains de suite (blé, orge ou avoine), ça m'écrase.

Dis-lui donc ça, mon petit Franck.

Dis au laboureur, mon petit Frank : « Madame la Terre veut qu'on lui obéisse pour qu'elle produise. Elle ne veut pas entendre répéter chaque jour : La Terre ne vaut rien. »

C'est lui qui ne vaut rien.

Dis-lui donc ça, mon petit Franck.

— Je peux lui dire ça, ma grand'mère.

— Vois-tu, mon petit Franck, Madame la Terre a vingt

espèces de sucs : l'un pour le grain, l'autre pour la pomme de terre, celui-ci pour la betterave, celui-là pour le colza, le sainfoin, la luzerne.

Quand l'un de ces sucs est épuisé, il faut lui donner le temps de se refaire.

Quand on trait la vache, on attend le lait qui doit revenir.

— Ma grand'mère, je comprends ça.

— Quand le cheval est fatigué, on le laisse se reposer; quand la charrette a roulé, on la graisse.

— Je comprends ça, ma grand'mère, et je le dirai bien haut au laboureur. »

Et tout fut fini.

Morale. — Que devons-nous, enfants, retenir de cette histoire?

C'est que dans le jardin et dans les champs, il faut *varier* les cultures, bien *fumer* la terre, la bien *travailler*, la débarrasser des *mauvaises herbes*.

(D'après JACQUES BUJAULT.)

RÉSUMÉ

I. La **bêche** est composée d'un manche droit, bien **poli**, auquel est fixée solidement une lame tranchante en acier.

II. Le **râteau** est employé dans le jardin pour briser les mottes et unir le sol bêché.

III. La **binette-serfouette** est employée pour donner une culture superficielle et pour détruire les mauvaises herbes.

IV. Les autres instruments employés par le jardinier sont : la *brouette*, le *cordeau*, le *plantoir*, la *fourche*.

EXERCICES

Rédactions. — I. Faites la description de votre jardin. Parlez de sa situation par rapport à votre habitation, de sa clôture et nommez les légumes qui y sont cultivés.

II. Écrivez à un camarade et dites-lui que vous avez été témoin des coups donnés à un cheval par son maître brutal. Les animaux sont pour nous de bons serviteurs (comment?). Ne les torturons pas.

Problèmes. — I. Votre mère va au marché avec 2^f,75 dans son porte-monnaie. Elle vend 5 douzaines d'œufs à raison de 0ᶠ,90 la douzaine et 6 paires de poulets à 2ᶠ,45 le poulet. Quelle somme rapporte-t-elle à la maison, sachant qu'elle a dépensé 4ᶠ,25 ?

II. Votre père a acheté 2 arrosoirs à 3ᶠ,75 l'un, 6 cloches en verre à 1ᶠ,40 la cloche, et une bêche pour 3ᶠ,25. Que doit-il et combien lui rendra-t-on sur une pièce de 20 francs ?

Expériences et excursions. — I. Dans une promenade, faire connaître aux enfants quelques plantes nuisibles : chardon, chiendent, liseron, grateron, arrête-bœuf.

II. Expliquer qu'un travail superficiel conserve l'humidité de la terre. Dire pourquoi et conclure.

QUESTIONNAIRE.—14. Qu'est-ce que la bêche ? — **15**. Comment s'y prend-on pour bêcher ? — **16**. A quoi sert le râteau ? — **17**. Qu'est-ce que la binette-serfouette ? — En quoi consiste le binage ? — En quoi consiste le sarclage ? — **18**. Citez d'autres instruments de jardinage. — **19**. Quels soins exigent les instruments du jardinier ?

IV. — LES ENGRAIS

20. Nécessité des engrais. — Nous avons planté des laitues dans les carrés A et B (fig. 19) de notre jardin.

Le carré A seul a été fumé.

Nous avons donné les mêmes soins aux laitues de

FIG. 19. — Le carré A, bien fumé, donne des produits abondants ; — le carré B, qui n'a pas été fumé, ne donne que des produits sans valeur.

nos deux carrés, et cependant celles du carré A sont bien plus vigoureuses que celles du carré B.

Pourquoi cela ? C'est parce que les plantes qui ont

précédé les laitues chétives du carré B ont consommé presque entièrement la nourriture contenue dans la terre.

Cette nourriture n'ayant pas été renouvelée, nos laitues ont souffert de la faim et elles n'ont pas grandi.

Dans le carré A, que nous avons bien fumé, les laitues ont trouvé une nourriture abondante et elles ont poussé vigoureusement.

Nous pouvons conclure de là que les plantes, qu'elles poussent dans nos jardins ou dans nos champs, ont besoin de nourriture pour donner de bons produits.

La nourriture nécessaire, indispensable aux plantes, leur est fournie par des substances qu'on appelle **engrais**.

Le *fumier* que nous donnent les animaux domestiques est un engrais.

Pour que le fumier soit bon, il faut bien nourrir les animaux.

Le jardin doit être fumé copieusement.

21. Il faut varier les cultures. — Il ne suffit pas de bien fumer le jardin ; il faut encore **varier** les cultures.

Par exemple, si à une culture de laitues, nous faisions succéder *immédiatement* une seconde culture de laitues, le produit de la seconde récolte serait bien inférieur, comme quantité et comme qualité, au produit de la première.

Il en serait de même si, à des haricots, des carottes, des choux, etc., nous faisions succéder immédiatement des haricots, des carottes, des choux, etc.

Que serait-ce donc, si nous cultivions constamment

laitues après laitues, haricots après haricots, etc.?

Nous finirions par ne plus obtenir que des récoltes sans valeur.

22. Insuffisance du fumier ordinaire. — Si le fumier ordinaire produit par les animaux domestiques fait défaut, nous pouvons en fabriquer une assez grande quantité avec les mauvaises herbes du jardin, les détritus de légumes, les tiges de pois, de pommes de terre, etc.

Nous faisons d'abord un lit de toutes ces substances, nous le couvrons d'un lit de fumier ordinaire, puis nous arrosons le tout, soit avec du purin*, soit avec les eaux de vaisselle ou de toilette.

Au bout de quelques jours, nous ajoutons au tas commencé un nouveau lit de substances végétales, puis un nouveau lit de fumier.

Nous continuons ainsi tant que nous avons des substances végétales à notre disposition.

23. Le terreau. — Si nous laissons le fumier long-temps en tas, il finit par se réduire en une substance noirâtre, légère et douce au toucher.

Cette substance se nomme **terreau**.

Le terreau est très utile dans le jardin; nous en couvrons les semis de printemps; nous l'employons au rempotage des fleurs.

Le fumier à demi décomposé s'emploie en *couverture*.

Cette couverture, appelée *paillis*, a pour but de tenir le sol humide et d'empêcher l'eau des pluies ou des arrosages de tasser la terre.

LEÇONS DE CHOSES

1° LE FUMIER

24. Définition. — Le fumier est formé par les excréments et les urines des animaux domestiques, mêlés aux pailles qui leur servent de litières*.

25. Le fumier dans la cour. — Lorsque les litières ont séjourné quelques jours sous les animaux, on les enlève et on les dépose en tas dans la cour.

Le tas est foulé aux pieds aussi régulièrement que possible.

Il faut éviter que l'eau des toits ou de la cour ne vienne laver le fumier.

En été, quand il fait chaud et sec, on arrose le tas de fumier avec du *purin*.

26. Le purin. — Le purin, c'est l'urine des animaux à laquelle viennent s'ajouter les eaux noires qui coulent des tas de fumier.

Le purin est la meilleure partie du fumier; il faut donc le recueillir avec soin.

Les urines ne doivent pas séjourner dans les écuries.

On facilite l'écoulement des urines en donnant au sol des écuries une pente suffisante AB et CD (fig. 20).

Fig. 20. — Les urines, après avoir humecté la litière, sont recueillies dans la fosse à purin E.

Les urines, en sortant des écuries, sont recueillies dans une fosse E, construite près des tas de fumier et appelée *fosse à purin*.

C'est dans cette fosse que vient aussi couler le jus de fumier.

27. Le fumier dans les champs. — Lorsque le fumier est *fait*, on le transporte dans les champs.

On l'épand aussi régulièrement que possible et on l'enterre *immédiatement* à l'aide de la charrue (fig. 21).

Fig. 21. — Lorsque le fumier est épandu, on l'enfouit à l'aide de la charrue.

Si l'on attendait trop longtemps pour enfouir le fumier dans la terre, la chaleur du soleil ou la pluie lui ferait perdre de ses qualités.

2° AUTRES ENGRAIS

Gaston. — Vous nous avez dit, Monsieur, que pour qu'une plante pousse bien, devienne grande, il faut lui donner une nourriture complète.

M. Dumont. — C'est certain, mon ami, et vous savez que cette nourriture est le fumier.

On emploie aussi les *nitrates* et les *phosphates*.

Raoul. — Oh ! Monsieur, qu'est-ce que cela ?

M. Dumont. — Les **nitrates** et les **phosphates** sont des engrais que l'on vend partout aujourd'hui, et qui ressemblent à du sel de cuisine ou à des os pourris et broyés.

Raoul. — Et c'est bon, Monsieur, ces engrais-là ; c'est meilleur que le fumier ?

M. Dumont. — Je ne dis pas cela, mon ami ; le fumier sera toujours le meilleur des engrais, et de même que le pain est pour nous la base de notre nourriture, de même le fumier est la base de la nourriture des plantes.

Les autres engrais sont, pour ainsi dire, les plats des jours de fête, qui ne peuvent être servis qu'après le plat substantiel : le fumier.

Gaston. — Ces engrais coûtent cher, sans doute, puisque vous les comparez aux plats des jours de fête ?

M. Dumont. — Oui, ils coûtent cher ; mais comme tout ce qu'ils renferment profite aux plantes, il n'en faut pas beaucoup pour produire un excellent résultat.)

Raoul. — C'est comme lorsque ma sœur a été malade : elle mangeait du bifteck* et buvait un peu de bon vin. Le médecin disait que cela la fortifierait.

M. Dumont. — Votre comparaison est juste. Aux plantes souffreteuses, on donne ces engrais ; on les met aussi dans les terres qui ne sont pas suffisamment fumées.

Raoul. — Le nitrate de soude, est-ce l'engrais qui ressemble au sel de cuisine?

M. Dumont. — Oui, mon ami, et, comme le sel de cuisine, il fond dans l'eau.

La qualité indispensable de cet engrais, c'est de fondre dans l'eau, d'être *soluble ;* car ce n'est qu'à l'état soluble que les racines peuvent absorber les principes fertilisants des engrais.

Gaston. — Est-ce que le phosphate de chaux est aussi un bon engrais ?

M. Dumont. —Certainement ; le bon phosphate de chaux, celui que les racines peuvent absorber, pomper, comme nous avons dit, est un engrais qui donne les meilleurs résultats.

Le phosphate de chaux rend les récoltes plus abondantes et de meilleure qualité ; il rend le grain de blé plus lourd, la betterave plus sucrée et la pomme de terre plus farineuse.)

RÉSUMÉ

I. **Les engrais** sont la nourriture des plantes.

II. **Le fumier** est le plus important des engrais.

III. Le jardin doit être fumé abondamment.

IV. Au sortir des écuries, le fumier est déposé dans la cour, en tas, que l'on foule aux pieds.

Pendant les chaleurs, on arrose le fumier avec du *purin.*

V. Le **purin** provient de l'urine des animaux à laquelle s'ajoutent les eaux noires qui s'écoulent des tas de fumier.

On recueille le purin dans une fosse construite à cet effet.

VI. Lorsque le fumier est fait, on le transporte dans les champs, on l'épand et on l'enterre immédiatement.

VII. On emploie aussi, comme engrais, les *nitrates* et les *phosphates*.

EXERCICES

Rédactions. — I. Écrivez à un cousin qui habite un village voisin et dites-lui que votre grand frère, qui travaillait dans les champs, est allé, tout couvert de sueur, se reposer à l'ombre des arbres. En rentrant à la maison, il a été obligé de se mettre au lit. Le médecin, appelé immédiatement, a reconnu une fluxion de poitrine. Votre frère va mieux aujourd'hui.

II. Pourquoi l'eau de la mare voisine est-elle noire lorsqu'il pleut beaucoup? — Que pensez-vous des cultivateurs qui laissent ainsi perdre le jus de leurs fumiers? — Comment pourraient-ils éviter cette perte?

Problèmes. — I. 30 ares de terre cultivés en blé ont produit 26 doubles décalitres de grain. Quelle est la valeur de la récolte si le double décalitre de blé vaut $3^f,25$?

II. Il faut 4 kilogrammes de graine de carotte fourragère pour ensemencer 1 hectare. Si le kilogramme de cette graine coûte $4^f,80$, quelle dépense fera-t-on pour ensemencer 50 ares?

Expériences et excursions. — I. Au printemps, prendre deux pots de fuchsia de même vigueur. Arroser l'un avec de l'eau seulement et l'autre, une fois par semaine, avec de l'eau additionnée de purin (1 litre de purin pour 10 litres d'eau). Au moment de la floraison, constater les résultats et conclure.

II. A l'automne, ramasser des feuilles d'arbres et les entasser dans un coin du jardin. Constater qu'elles se décomposent rapidement et qu'elles fournissent alors un excellent terreau.

QUESTIONNAIRE. — **20.** Pourquoi la terre a-t-elle besoin d'être fumée? — Qu'est-ce qu'un engrais? — **21.** Suffit-il de bien fumer le jardin? — **22.** Comment doit-on parer à l'insuffisance du fumier ordinaire? — **23.** Qu'est-ce que le terreau? — A quoi sert, dans les jardins, le fumier à demi décomposé? — **24.** De quoi est formé le fumier ordinaire? — **25.** Comment traite-t-on le fumier dans la cour? — **26.** Qu'est-ce que le purin? — Comment recueille-t-on le purin? — **27.** Que fait-on du fumier après qu'il a séjourné un certain temps dans la cour? — Pourquoi l'épand-on immédiatement? — Parlez des nitrates et des phosphates.

V. — LES SEMIS

28. Récolte et conservation des graines. — Nos légumes et nos fleurs s'obtiennent de graines que l'on sème en saison convenable.

Les meilleures graines sont celles qui ont été récoltées l'année précédente, par un beau temps, sur des plantes robustes.

Ces graines doivent être bien mûres.

Beaucoup de graines sont quelquefois bonnes pendant deux ans; mais passé ce temps, et bien qu'elles présentent toujours une belle apparence, elles ne valent plus rien.

Quelquefois, des marchands peu consciencieux mêlent aux graines nouvelles les vieilles graines qu'ils n'ont pas vendues, et selon qu'il y a plus ou moins de ces dernières, la levée est plus ou moins claire.

Le plus grand mal n'est pas d'avoir dépensé de l'argent en pure perte ; mais comme on conserve l'espoir que les graines lèveront, on attend.

Si ce sont des oignons, des poireaux, par exemple, il sera trop tard pour faire un nouveau semis.

Récoltons nos graines nous-mêmes ou achetons-les chez des grainetiers consciencieux, qui n'en conservent jamais de vieilles.

Si nous avons à récolter des graines de différentes variétés de laitues, de pois, de melons, etc., évitons de cultiver ces différentes variétés dans des terrains trop rapprochés les uns des autres.

Lorsque les graines sont récoltées, plaçons-les dans un endroit abrité où elles achèveront de sécher ; quelque temps après, nettoyons-les et plaçons-les dans de petits sacs en papier ou en toile. Déposonsles ensuite dans un endroit exempt d'humidité et où les rongeurs (souris, rats) ne pourront les atteindre.

29. Les semis. — Les semis les plus importants du jardin se font au printemps, de mars en mai.

Les premiers semis doivent, autant que possible, être faits le long d'un mur exposé au midi et être recouverts d'une couche de terreau d'environ deux centimètres d'épaisseur.

30. Comment on sème. — Voyons comment on doit s'y prendre pour semer.

Prenons chacun, de la main droite, une petite poignée du sable fin contenu dans ce grand pot.

Fermons la main en laissant les doigts légèrement ouverts ; lançons la main de droite à gauche et laissons, en même temps, échapper une petite quantité de sable qui se répand sur le sol.

Appliquons-nous à répandre ce sable aussi uniformément que possible.

Bien ! La plupart d'entre vous ont réussi ; quant aux autres, il leur suffira de recommencer l'opération pour l'exécuter convenablement.

C'est ainsi que l'on sème *à la volée*.

31. Profondeur des semis. —Certaines graines, comme celles des laitues, des choux, de la plupart des fleurs, sont fines ; les autres, comme les haricots, les pois, sont assez grosses.

Avant de semer les graines fines, tassons le sol, soit avec le dos d'une pelle, soit avec les pieds : c'est un travail nécessaire, indispensable.

Semons ensuite nos graines sur la terre ainsi tassée et recouvrons-les légèrement, en piquant le sol avec les dents du râteau.

Quelques personnes battent, piétinent le sol après l'avoir ensemencé.

C'est une opération qu'il faut faire *avant* de semer, comme nous venons de le dire, et rarement *après*.

En piétinant sur la semence, le fond n'étant pas tassé, les graines s'enfoncent trop profondément. Alors elles ne lèvent pas ou, si elles lèvent, elles ne donnent que des sujets faibles.

S'il vient à pleuvoir, il se formera, à la surface du sol, une croûte qui empêchera l'air de pénétrer jusqu'aux graines.

Nous semons plus profondément les grosses graines.

Les grosses graines se sèment ordinairement en poquets*.

32. Semis en lignes. — Pour les légumes qui doivent rester en place jusqu'à leur récolte, comme les carottes, les panais, etc., il est préférable de faire les semis en **lignes** ou en **rayons**.

Les semis en lignes permettent d'exécuter facilement les sarclages* et les binages*.

Le sol qui doit recevoir un semis en lignes, de carottes, par exemple, a été bêché, nivelé avec le râteau et tassé.

Cela fait, plaçons notre cordeau et tendons-le bien ; puis, à l'aide d'une petite pioche, traçons d'abord un sillon de deux à trois centimètres de profondeur.

A vingt ou vingt-cinq centimètres de ce premier rayon, traçons-en un second et continuons de la même manière pour tracer tous les sillons dont nous aurons besoin.

Répandons notre graine dans ces sillons, et terminons notre travail en couvrant cette graine avec la tête de notre petite pioche ou du râteau.

Ne semons jamais trop *dru* *, même les plantes qui doivent être repiquées, comme les choux, les salades, les poireaux, etc.

Dans les semis trop drus, les plantes souffrent, restent faibles, et si on les repique elles ne pousseront jamais vigoureusement.

Si le semis est trop dru, il faut éclaircir, lorsque les plantes sont suffisamment grandes.

LEÇONS DE CHOSES

1° ORGANES DE REPRODUCTION DES PLANTES

33. Le pistil. — Voici une fleur de lis (fig. 22) : étudions les parties les plus importantes de cette fleur.

Au centre, nous voyons une sorte de petite colonne A : c'est le **pistil**.

34. L'ovaire. — La partie inférieure B du pistil est renflée : ce renflement se nomme **l'ovaire**.

Déchirons l'ovaire ; nous voyons qu'il renferme un grand nombre de petits corps : ce sont les futures graines.

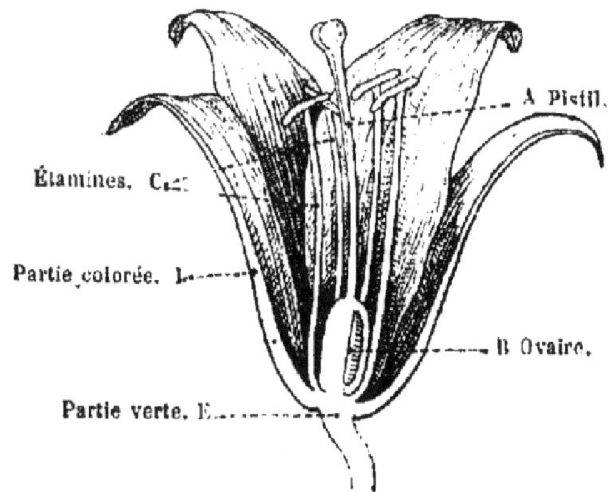

FIG. 22. — Les principaux organes de la fleur sont : le **pistil** A, qui porte à sa base l'ovaire B ; — les **étamines** C, dont la partie supérieure renferme le **pollen**.

35. Les étamines. — Autour du pistil, nous distinguons d'autres parties C, qui ressemblent à de petits marteaux : ce sont les **étamines**.

36. Le pollen. — La partie supérieure des étamines renferme une poussière jaune ou blanche, très fine, qu'on nomme **pollen**.

Le pollen, en se répandant, soit naturellement, soit par l'intermédiaire des insectes, sur la partie supérieure du pistil, donne aux petites graines renfermées dans l'ovaire et à l'ovaire lui-même la force de grossir, de se développer.

Certains ovaires deviennent des fruits, comme la poire, la gousse de haricot, etc.

37. La fleur. — Le pistil et les étamines, qui sont protégés par les parties colorées D et les parties vertes E, constituent la **fleur**.

38. La germination. — Les graines, mises en terre, ne tardent pas à *germer* et à donner naissance à de nouvelles plantes.

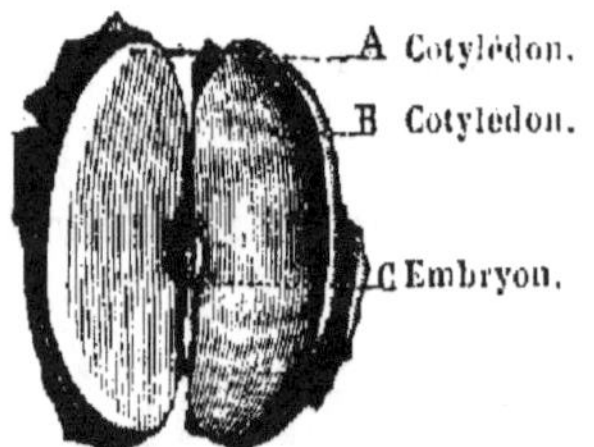

Fig. 23. — La germination. — A, B, *cotylédons*; — C, *embryon*.

Voyons comment les graines germent et, pour cela, examinons les haricots plantés dans ce pot rempli de terre que nous avons arrosée de temps en temps.

Grâce à l'*humidité* produite par les arrosages et grâce aussi à l'*air* et à la *chaleur*, nos haricots se sont gonflés, leur enveloppe ou peau a éclaté, les parties A et B (fig. 23), appelées *cotylédons*, se sont écartées et, au centre, nous apercevons le *germe* ou *embryon* C.

Ce germe, en se développant, donnera naissance à une petite tige ou *tigelle* qui sortira de terre et à une petite racine ou *radicule* qui s'enfoncera dans la terre.

Ainsi se comporteront tous les haricots que nous planterons; ainsi se comportent toutes les graines que l'on sème.

2° LES BINAGES ET LES SARCLAGES

M. Dumont. — Voyons d'abord ce qu'il y a à faire en ce moment dans le jardin; je vous montrerai ensuite comment on doit le faire.

Voici les pommes de terre que nous avons plantées. Quelques jours après leur sortie de terre, alors que les lignes ont été bien visibles, je les ai *binées*, c'est-à-dire qu'entre les lignes et les pieds — voyez comment je fais — j'ai donné un bon labour, en enfonçant une binette (fig. 14) jusqu'au manche.

Ce n'est pas gratter la terre; c'est la labourer pour la rendre bien meuble*.

Aujourd'hui, il est temps de faire ce travail une seconde fois.

RAOUL. — Pourquoi cela, Monsieur?

M. DUMONT. — Parce que si nous attendions trop tard, nous serions exposés à blesser et même à couper les radicelles ou toutes petites racines, et cela nuirait aux pommes de terre.

Le binage est très utile. Voyez ces quatre pieds que je n'ai pas binés une première fois.

PAUL. — Ils sont moins beaux que les autres, et on ne dirait pas qu'ils ont été plantés le même jour.

M. DUMONT. — Regardez maintenant nos oignons, nos carottes. Tout cela est encore bien petit, trop petit pour être biné; mais il y a de l'herbe. Bornons-nous, aujourd'hui, à arracher cette mauvaise herbe.

Ce travail se nomme *sarclage*.

RAOUL. — Sarcler et biner, ce n'est donc pas la même chose, Monsieur?

M. DUMONT. — Non, mon ami; **biner**, c'est donner à la terre un labour peu profond, et ces légumes encore si faibles ne résisteraient pas à une pareille opération.

D'un autre côté, si nous laissions cette mauvaise herbe, qui grandirait plus vite que nos légumes, ceux-ci seraient étouffés.

Nous allons donc arracher à la main ces mauvaises herbes avec leurs racines. Cette opération se nomme **sarclage**. Nos légumes pousseront alors sans craindre l'herbe, en attendant qu'ils soient assez forts pour être binés.

RÉSUMÉ

I. Les meilleures graines sont celles qui ont été récoltées l'année précédente.

II. Quand les graines récoltées sont nettoyées, on les place dans un endroit sec.

III. C'est de mars à mai que se font la plupart des semis dans le jardin.

Les graines fines se sèment sur la terre tassée, et pour les enterrer on pique le sol avec les dents du râteau.

Les grosses graines se sèment plus profondément.

IV. La semence doit être répandue aussi uniformément que possible.

Les semis en lignes facilitent les sarclages et les binages.

Si les semis sont trop drus, on les éclaircit lorsque les plantes sont suffisamment fortes.

V. Les principaux organes de la reproduction des plantes sont : l'*ovaire* et les *étamines*.

Le **pollen** est la poussière qui donne aux graines de l'ovaire et à l'ovaire lui-même la force de se développer.

VI. Pour qu'une graine germe, il faut de l'*humidité*, de l'*air* et de la *chaleur*.

EXERCICES

Rédactions. — I. Nommez deux arbres qui donnent des fruits à pépins. — Nommez deux arbres qui donnent des fruits à noyau. — Où sont placés les pépins et les noyaux ? — Dans la fraise, les graines sont-elles placées dans l'intérieur du fruit ? — Dans les pois et les haricots, comment se nomme l'enveloppe du fruit ?

II. Comment peut-on, lorsqu'on manque de fumier pour le jardin, obtenir un engrais abondant ?

Problèmes. — I. Votre mère a fourni à sa voisine, chaque jour du mois de janvier, 4 litres de lait à 0ʳ,15 le litre. Combien doit-on à votre mère et que rendra-t-elle à sa voisine si celle-ci la paye avec une pièce de 10ʳ ?

II. En semant la carotte à la volée, on emploie 60 grammes par are ; en semant en lignes, 40 grammes suffisent par are. Si le gramme de graine de carotte vaut 0f,04 et si l'on ensemence 25 centiares, quelle économie fera-t-on en semant en lignes?

Expériences et excursions. — I. Semer dans un pot de la vieille graine d'oignon. Semer dans un autre pot de la graine d'oignon de l'année précédente. Constater les résultats.

II. Visiter un jardin bien cultivé et se renseigner sur l'époque des semis des différents légumes qu'on y voit et sur les soins que ces semis réclament.

QUESTIONNAIRE. — **28.** Quelles sont les meilleures graines? — Que fait-on des graines lorsqu'elles sont récoltées? — **29.** A quelle époque de l'année se font la plupart des semis? — **30.** Comment sème-t-on? — **31.** Comment sème-t-on les graines fines? — **32.** Comment sème-t-on en lignes? — **33.** Qu'est-ce que le pistil? — **34.** Comment nomme-t-on la partie inférieure et renflée du pistil? — **35.** Qu'est-ce que les étamines? — **36.** Qu'est-ce que le pollen? — **37.** Qu'est-ce que la fleur? — **38.** Que faut-il pour qu'une graine mise en terre puisse germer?

VI. — LES ARROSAGES

39. Nécessité des arrosages. — Voyez ce pied de géranium si bien portant ce matin encore.

La terre du pot qui contient notre plante est desséchée; les feuilles et les fleurs sont fanées.

Pour sûr, la plante a soif : donnons-lui à boire et nous verrons bientôt les feuilles et les fleurs reprendre leur aspect accoutumé.

Les plantes ont donc besoin d'eau pour se bien porter, comme elles ont besoin d'air et de chaleur.

Sans eau, le jardin ne donnerait que des produits de peu de valeur.

La pluie est le meilleur des arrosages; mais elle ne vient pas toujours à propos.

Nous devons y suppléer par des arrosages.

40. L'arrosoir — Pour arroser, nous nous servons de l'*arrosoir*.

L'arrosoir (fig. 24) est un ustensile en zinc ou en fer-blanc qui peut contenir de 12 à 14 litres d'eau.

L'arrosoir est muni d'une *pomme* A, percée d'un grand nombre de petits trous.

FIG. 24. — L'arrosoir et sa *pomme* A.

La pomme de l'arrosoir s'enlève à volonté.

Quand nous arrosons avec l'arrosoir muni de sa pomme, l'eau est projetée sur les plantes sous la forme d'une gerbe de pluie (fig. 25).

Nous arrosons à la pomme les semis et les planches que nous voulons mouiller complètement.

Mouiller le sol, c'est lui donner à boire tant qu'il a soif.

Si l'arrosage n'a pour but que de donner à boire aux racines des plantes, nous en-

FIG. 25.—L'arrosoir, muni de sa pomme, projette l'eau sous la forme d'une gerbe de pluie.

levons la pomme et nous versons l'eau, par le goulot, au pied de chaque plante.

41. Les eaux d'arrosage. — Les meilleures eaux pour arroser sont les eaux de rivière.

L'eau des puits est trop froide. Si nous n'en avons

pas d'autre à notre disposition, ne l'employons qu'après l'avoir exposée, pendant quelques heures, à l'air et à la chaleur du soleil.

A cet effet, nous la versons dans un bassin ou dans des tonneaux défoncés par un bout, au fur et à mesure que nous la tirons du puits.

Les tonneaux qui ont contenu du pétrole et qui ne coûtent pas cher conviennent parfaitement à cet usage.

Au printemps et à l'automne, nous arrosons le matin ; pendant l'été, nous arrosons le soir.

42. Le bassinage. — Le bassinage consiste à arroser seulement les feuilles des plantes.

Cette opération se fait à l'aide de l'arrosoir muni

Fig. 26. — Le bassinage à l'aide d'une *pompe portative.*

d'une pomme à trous très fins, ou mieux à l'aide d'une petite pompe spéciale (fig. 26) qui plonge dans un récipient* et qui répand l'eau sous forme de pluie très fine.

Les plantes élevées sous châssis et même les plantes cultivées à l'air libre se trouvent très bien d'un bassinage.

Lorsque les plantes employées à la décoration des appartements sont couvertes de poussière, on les sort momentanément, et quelques bassinages suffisent pour enlever cette poussière.

LEÇON DE CHOSES

LES ABRIS

43. Les murs. — Nous avons dit (page 3) que les murs sont la meilleure clôture du jardin.

Au pied des murs exposés au midi, nous plantons en octobre des laitues d'hiver; nous faisons quelques semis au printemps.

Les murs abritent nos plantations et nos semis contre les froids.

Les murs abritent encore contre les vents, les arbres fruitiers et les treilles qu'on élève en espalier.

Mais les murs ne sont pas les seuls abris dont nous pouvons disposer.

Nous nous servons encore de *cloches*, de *châssis*, de *paillassons*.

44. Les cloches. — Les **cloches** (fig. 27) sont en verre. Nous employons les cloches

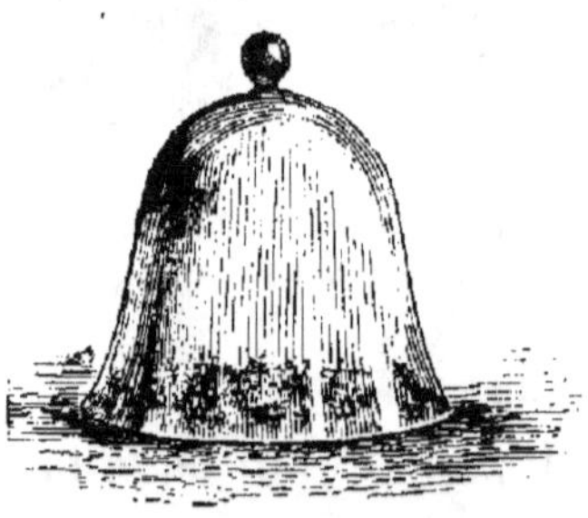
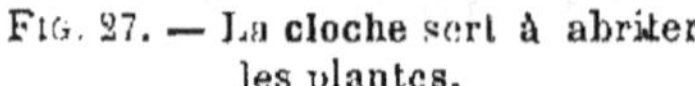

FIG. 27. — La **cloche** sert à abriter les plantes.

FIG. 28. — Charpente d'une **cloche** à recouvrir de papier huilé.

pour abriter les plantes repiquées au printemps et qui souffriraient à l'air libre.

Les cloches concentrent la chaleur du soleil dans leur intérieur et hâtent ainsi la végétation.

A défaut de cloches en verre, nous pouvons en fabriquer économiquement avec deux baguettes recourbées et disposées en croix, puis recouvertes de papier huilé (fig. 28).

45. Les châssis. — Les **châssis vitrés** (fig. 29) sont en bois ou en fer.

Lorsque nous voulons nous servir des châssis, nous les plaçons sur un cadre en bois A appelé *coffre*.

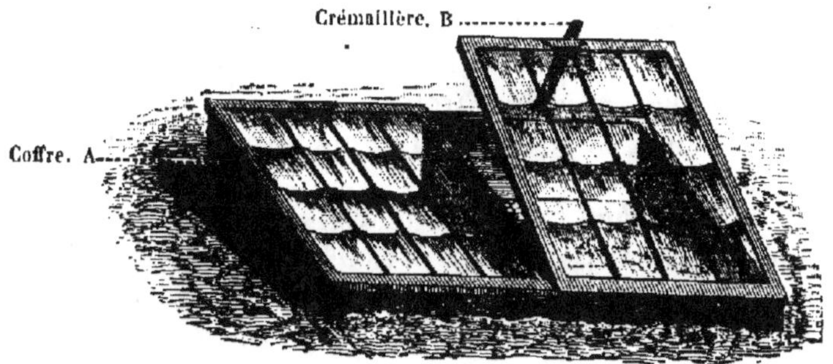

Fig. 29. — **Châssis** vitré placé sur un *coffre*.

Une petite crémaillère en bois B permet d'entr'ouvrir à volonté le châssis afin de donner de l'air.

Sans air, les plantes cultivées sous châssis s'étioleraient.

C'est sous châssis que nous semons au printemps nos graines de fleurs et de quelques légumes. Sous châssis les plantes croissent rapidement.

46. Les paillassons. — Les **paillassons** (fig. 30) sont faits de paille de seigle tressée.

Nous employons les paillassons pour protéger contre la chaleur les semis et les plantes nouvellement repiquées.

Fig. 30. — Le **paillasson**.

Nous employons aussi les paillassons pour couvrir les châssis sous lesquels nous hivernons des plantes qui ne résistent pas aux grands froids.

Dans ce cas, on couvre les châssis d'un épais lit de paillassons qui empêchent la gelée de pénétrer dans le coffre.

On enlève les paillassons pendant le jour lorsque la température le permet ; le soir, on les remet sur les châssis.

RÉSUMÉ

I. Pour arroser, on se sert de **l'arrosoir**. On arrose avec l'arrosoir muni de sa *pomme* pour mouiller complètement le sol ; on arrose au *goulot* si l'on ne veut donner à boire qu'aux racines.

II. Les eaux de rivière sont les meilleures pour arroser ; les eaux de puits sont trop froides.

Au printemps et à l'automne, on **arrose le matin**. En été on arrose le soir.

III. Le **bassinage** se fait au moyen d'un arrosoir dont la pomme est percée de trous très fins, ou mieux, à l'aide d'une pompe portative plongeant dans un seau d'eau.

IV. Les **abris** protègent les plantes contre le froid, le vent, la chaleur.

Outre les murs, on emploie comme abris les *cloches*, les *châssis*, les *paillassons*.

EXERCICES

Rédactions. — I. Quels sont les oiseaux de basse-cour que votre mère élève ? — Quels produits tire-t-elle de chacun d'eux ?

II. Faites la description de l'âne. — Quelles sont les qualités de l'âne ? — Quels services rend l'âne ? — L'âne est-il difficile à nourrir ? — Doit-on maltraiter l'âne ?

Problèmes. — I. Un jardinier a acheté 2 douzaines de cloches en verre à 1ᶠ,40 la cloche. Les frais d'emballage ont été de 0ᶠ,75 et ceux de transport de 1ᶠ,50. Combien le jardinier a-t-il dépensé en tout ?

II. Vous avez acheté 50 gluis pour faire des paillassons, à raison de 45ᶠ le cent de gluis, et 10 pelotes de ficelle à 0ᶠ,45 l'une : combien avez-vous dépensé en tout ?

Expériences et excursions. — I. Dans un carré planté de jeunes choux, quelques pieds sont souffrants. On les arrache et l'on constate qu'au moment de la plantation, les racines ont été rebroussées. Conclure.

II. Dans une promenade, vous avez visité un jardin ; le propriétaire vous a dit qu'il ne faut pas cultiver deux fois de suite le même légume dans le même endroit. Pourquoi ?

QUESTIONNAIRE. — **39.** Pourquoi est-il nécessaire d'arroser les plantes du jardin ? — **40.** Qu'est-ce que l'arrosoir ? — **41.** Quelles sont les meilleures eaux à employer pour les arrosages ? — Quel est le défaut des eaux de puits ? — A quel moment du jour arrose-t-on ? — **42.** En quoi consiste le bassinage ? — **43.** Quelle est l'utilité des murs ? — **44.** Qu'est-ce que les cloches de jardin ? — **45.** Dites ce que c'est qu'un châssis. — **46.** Qu'est-ce que les paillassons. — Parlez de l'emploi des paillassons.

VII. — LES LÉGUMES DU JARDIN

47. Définition. — Allons faire un tour au jardin : nous dirons le nom des plantes qui s'y trouvent et nous dirons aussi quelques mots sur la manière de les cultiver.

1° Ici, vous voyez des carottes, des radis dont nous mangeons les *racines*.

2° Là, ce sont des choux, des laitues, des asperges dont nous mangeons les *feuilles* ou les *tiges*.

3° Plus loin, ce sont des haricots, des pois, des fraisiers dont nous mangeons les *graines* et les *fruits*.

Toutes ces plantes se nomment communément **légumes ou plantes potagères.**

Les légumes occupent une place importante dans notre alimentation ; ils sont rafraîchissants et nourrissants.

1° LÉGUMES CULTIVÉS POUR LEURS RACINES

48. La carotte. — Nous cultivons dans le jardin des **carottes courtes** (fig. 31) et des **carottes demi-longues** (fig. 32).

Fig. 31. — La carotte courte.

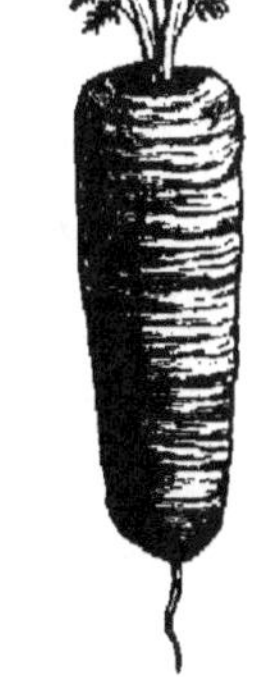

Fig. 32. — La carotte demi-longue.

Les carottes courtes sont hâtives* ; nous les semons en lignes dès les premiers beaux jours du printemps.

En cas de froid, nous les couvrons de paillassons.

Les carottes demi-longues se sèment du commencement d'avril à la fin juin. Elles constituent la provision d'hiver. Dès que les carottes ont la grosseur du doigt, on peut les consommer.

On arrache les carottes d'hiver en novembre, on les rentre à la cave après avoir enlevé les feuilles, et on les dépose dans du sable humide.

49. Le panais. — Le panais (fig. 33), qui sert à relever le goût du potage, se cultive comme la carotte.

Le *panais rond* et le *panais demi-long* sont plus hâtifs que le panais long et doivent lui être préférés dans la culture potagère.

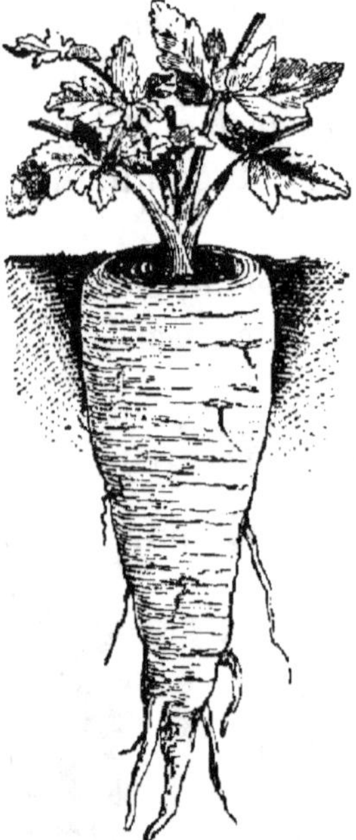

FIG. 33. — Le panais demi-long.

FIG. 34. — Pomme de terre *Marjolin* germée.

FIG. 35. — Pomme de terre de *Hollande*.

50. La pomme de terre. — La culture en grand de la **pomme de terre** se fait dans les champs.

Dans le jardin, on ne cultive que les pommes de terre hâtives, comme la *Marjolin* (fig. 34), qui est très hâtive, et la *jaune longue de Hollande* (fig. 35), qui est un peu plus tardive, mais plus productive que la Marjolin.

On plante les tubercules dans le jardin (fig. 36) en mars-avril, à cinquante centimètres en tous sens

FIG. 36. — Plantation des pommes de terre.

et dans des trous de dix à douze centimètres de profondeur.

A cet effet, on emploie des tubercules* qu'on a exposés à l'air et à la lumière dans des paniers plats (fig. 37) où ils ont émis des germes vigoureux.

FIG. 37. — Avant de planter les pommes de terre, on les expose à l'*air* et à la *lumière*, afin de leur faire émettre des germes vigoureux.

Pour préserver les pommes de terre précoces des gelées tardives, on couvre d'un peu de fumier les trous dans lesquels on a planté.

Lorsque les pommes de terre sont bien levées,

on les bine une première fois. Six semaines après, on les bine de nouveau et on les butte.

La pomme de terre réussit bien dans tous les sols, mais elle n'acquiert toutes ses qualités que dans les sols légers, bien fumés.

On reconnaît que les pommes de terre sont en maturité lorsque les feuilles jaunissent, puis se dessèchent.

Alors on les arrache et on les rentre dans un endroit où la gelée ne puisse les atteindre.

51. L'oignon. — L'oignon, dans le Nord, se sème dès la fin de février ; dans l'Ouest et dans le Midi, on le sème à l'automne.

L'oignon demande un sol léger et riche.

Une des meilleures variétés d'oignon est l'*oignon jaune des Vertus* (fig. 38).

Une autre variété d'oignon, l'*oignon de Mulhouse* (fig. 39)

Fig. 38. — L'oignon jaune
des *Vertus*.

Fig. 39.—Petits oignons de *Mulhouse*
que l'on repique au printemps.

se sème très dru en avril. Ce semis donne de petits oignons de la grosseur d'une noisette.

Ces petits oignons, récoltés en septembre, sont plantés à demeure au printemps suivant et donnent des oignons très gros, mais qui se conservent mal.

On récolte les oignons dès que les tiges sont fanées ;

on les laisse exposés au soleil pendant quelques jours, puis on les rentre dans un endroit sec.

A l'approche des gelées, on recouvre les oignons d'une couche de paille qui les protège suffisamment.

52. Le poireau. — Le poireau (fig. 40) se sème en pépinière au mois de février. Lorsque les jeunes plants ont la grosseur d'un tuyau de

FIG. 40. — Le poireau.   FIG. 41. — Le radis rose.   FIG. 42. — Le radis jaune d'été.

plume, on les plante à demeure à 20 centimètres en tous sens.

53. Les radis. — Le radis rose (fig. 41) se sème en mars,

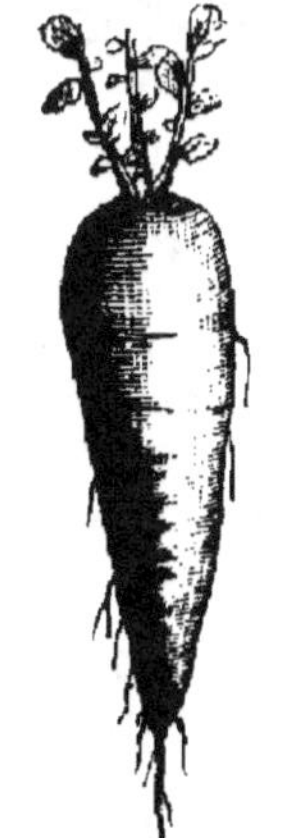

FIG. 43. — Le radis d'hiver.   FIG. 44. — Le navet des Vertus.   FIG. 45. — Le navet plat hâtif de *Milan*.

soit seul, soit avec les oignons ou les carottes.

Le *radis jaune d'été* (fig. 42) se sème en mai et en juin;

le *radis noir* ou *d'hiver* (fig. 43) se sème dès la fin de juin.
Le radis noir se conserve à la cave, dans du sable.

54. Les navets. — Le **navet** se sème à la volée,
en terre fraîche et légère, depuis le mois de **mai**
jusqu'au mois d'août.

Les meilleures variétés à
cultiver sont le *navet long des
Vertus* (fig. 44), blanc et tendre, et le *navet plat de Milan*
(fig. 45) rouge et hâtif.

55. L'ail et l'échalote.
— L'ail (fig 46) et l'écha-

FIG. 46. — L'ail.

FIG. 47. — L'échalote.

lote (fig. 47) se multiplient à l'aide de leurs bulbes*,
soit à l'automne, soit de bonne heure au printemps.

On plante les bulbes à 20 centimètres en tous
sens.

On arrache l'ail et l'échalote lorsque leurs tiges
sont desséchées ; on les laisse exposés au soleil pendant quelques jours, puis on les rentre dans un
endroit sec.

L'ail et l'échalote plantés dans des terrains
humides y contractent une maladie connue sous le
nom de *graisse*.

2° LÉGUMES CULTIVÉS POUR LEURS TIGES OU POUR LEURS FEUILLES

56. L'asperge. — L'asperge (fig. 48) est une plante dont on mange les jeunes pousses lorsqu'elles n'ont encore que 20 à 30 centimètres de hauteur.

Les tiges d'asperges meurent chaque année : elles sont annuelles, mais la racine est vivace*.

L'asperge exige un terrain de bonne qualité, sablonneux, bien défoncé, bien fumé, pas trop humide et éloigné des arbres.

L'asperge se multiplie de graines que l'on sème au printemps. Lorsque les jeunes pieds ont un an, deux ans au plus, on les plante à demeure, à une distance de 80 centimètres à 1 mètre en tous sens.

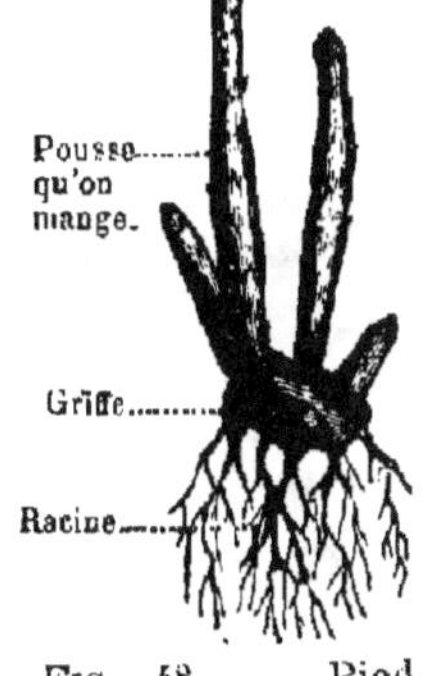

FIG. 48. — Pied d'asperge. — La *griffe* se ramifie dans le sol ; sur les ramifications se trouvent des *yeux* qui donnent naissance aux pousses que l'on mange.

Vers la troisième année de plantation, on peut déjà couper quelques asperges ; mais ce n'est qu'à partir de la cinquième année que la plantation est en plein rapport.

57. L'artichaut. — L'artichaut (fig. 49) est une sorte de grand chardon vivace dont on mange la base des feuilles qui entourent

FIG. 49. — Pied d'artichaut.

la fleur. L'artichaut demande une terre profonde, fraîche et de bonne qualité. Il exige de copieux arrosages pendant sa végétation.

A l'approche des gelées, on relève la terre autour de chaque pied d'artichaut, que l'on recouvre ensuite de fumier long.

Pendant l'hiver, lorsqu'il se présente quelques journées douces, on découvre les artichauts afin de les exposer à l'air; mais il faut les recouvrir dès que le temps se remet au froid.

Au mois d'avril suivant, on déchausse chaque pied d'artichaut, on en détache les jeunes tiges appelées *œilletons*, moins un ou deux qui donneront des fruits dans l'année.

Les plus beaux œilletons détachés sont employés pour faire une nouvelle plantation.

A cet effet, on plante ces œilletons deux par deux, sur un sol bien tassé et à la distance d'un mètre en tous sens.

Les œilletons ne doivent pas être enterrés à plus de 3 centimètres.

58. Les choux. — Le chou est une plante dont on mange les feuilles cuites.

Fig. 50. — Le chou cœur de bœuf se sème de la fin d'août au 10 septembre.

Fig. 51. — Le chou de Milan des Vertus se sème au printemps.

Le chou demande une terre fraîche et abondamment fumée.

Il y a des choux, comme le *cœur de bœuf* (fig. 50), que l'on sème en août, que l'on repique en pépinière en octobre et que l'on ne met en place définitive qu'au printemps suivant.

Ces choux sont bons à consommer en juin et juillet.

D'autres choux, comme le *Milan des Vertus* (fig. 51), se sèment au printemps et se plantent à demeure à la fin de juin.

Ces choux sont destinés à la consommation de l'hiver suivant.

On cultive encore le *chou de Bruxelles* (fig.52)

FIG. 52. — Le chou de Bruxelles et sa petite pomme frisée.

FIG. 53. — Le chou-fleur. La fleur de ce chou est un bon aliment.

dont la tige se garnit de petites pommes frisées d'excellente qualité, le *chou-fleur* (fig. 53) dont les nombreux rameaux à fleurs sont très estimés et le *chou rouge* que l'on mange cru en salade.

59. Conservation des choux. — Indiquons les différents procédés employés pour conserver les choux pendant l'hiver.

1° On arrache les choux avec un peu de terre aux racines ; on les dispose en *meule*, les têtes tournées au dehors.

Cette meule, qui a la forme d'un pain de sucre, est couverte d'un bonnet de paille dès qu'il gèle fort ou qu'il neige.

2° Avec la bêche, on soulève les choux et on les renverse, la tête tournée vers le nord.

3° Après avoir arraché les choux, on leur met la tête au-dessus d'une tranchée dont la terre sert à couvrir les racines.

60. Les laitues et les romaines. — Les laitues

Fig. 54. — La laitue.

(fig. 54) et les **romaines** (fig. 55) sont des plantes dont on mange les feuilles en salade.

Fig. 55. — La romaine.

On sème ces plantes en pépinière; lorsque les jeunes sujets sont assez forts, on les met en place en les espaçant de 25 à 30 centimètres en tous sens.

On fait des semis de laitue et de romaine dès le printemps et pendant tout l'été.

Quelques variétés de ces plantes, comme la *laitue de la Passion* et la *romaine verte d'hiver*, sont assez rustiques pour passer l'hiver en pleine terre. On les sème du 20 août au 8 septembre; on les repique en octobre le long d'un mur bien exposé; pendant l'hiver, on les protège contre les fortes gelées en les couvrant d'un peu de paille longue.

Ces plantes sont bonnes à être consommées en avril et mai suivants.

61. Les chicorées et les scaroles. — La chicorée

Fig. 56. — La chicorée frisée.

Fig. 57. — La scarole.

(fig. 56) et la scarole (fig. 57) sont des plantes dont on mange les feuilles cuites ou en salade.

La chicorée et la scarole se sèment en pépinière dès les premiers

Fig. 58. — L'épinard.

Fig. 59. — L'oseille.

jours de juillet; les jeunes plantes sont mises en place un mois ou six semaines après l'ensemencement, c'est-à-dire lorsqu'elles ont la grosseur d'un tuyau de plume. On les plante à 30 centimètres en tous sens.

Par de fréquents binages et, au besoin, par des arrosages abondants, on entretient la fraîcheur.

Lorsque ces plantes ont acquis tout leur développement, on profite d'un temps sec pour les lier afin de les faire blanchir.

62. L'épinard. — L'épinard (fig. 58) se sème à la

Fig. 60. — Le persil.

fin de juillet, en lignes espacées de 20 centimètres.

Fig. 61. — Le cerfeuil.

Il demande une terre bien fumée et arrosée fréquemment.

Semé en été, l'épinard réussit mal, car il monte promptement à graine.

63. L'oseille. — L'oseille (fig. 59) se multiplie au

printemps, soit par semis, soit par l'éclat des pieds. On la cultive en planche ou en bordure.

64. Le persil et le cerfeuil. — Le persil (fig. 60) est une plante dont on se sert pour assaisonner les mets.

On le sème en pleine terre en mars, et pendant l'hiver on le préserve de la gelée en le couvrant de paille ou de feuilles.

Le **cerfeuil** (fig. 61) s'emploie pour assaisonner les salades et certaines sauces.

On sème le cerfeuil de mars à septembre. Il ne craint pas les gelées.

3° PLANTES CULTIVÉES POUR LEURS FRUITS OU POUR LEURS GRAINES

65. Les pois. — Les **pois** (fig. 62) sont des plantes dont les fruits se nomment *gousses*.

La gousse renferme de six à huit grains que l'on mange verts ou secs.

Il y a des variétés de pois dont on mange la gousse et le grain à l'état vert. On les appelle pois *mange-tout*.

On distingue aussi des *pois à rames* et des *pois nains*.

Les premiers semis de pois se font dès les premiers beaux jours de février.

Fig. 62. — Le pois.

Pour cette première plantation, on choisit les variétés les plus précoces ou naines, telles que le *pois nain* hâtif ou *pois Lévêque*, le *pois nain de Hollande* ou encore le *pois Prince-Albert*.

Dès que les pois sont suffisamment grands, on bine, on sarcle et on butte.

Le buttage a pour but de préserver les pois contre la sécheresse.

Les variétés plus grandes donnent plus de fleurs et par conséquent des produits plus abondants que les variétés naines; mais elles sont d'un développement plus lent, plus tardif.

C'est ainsi que dès le mois de mars, nous donnons la préférence aux *pois d'Auvergne* ou *serpette*, aux *pois de Clamart*, aux *pois ridés de Knight*.

On plante les pois en lignes.

Avec la pioche ou la bêche, on ouvre de petites tranchées de trois à quatre centimètres de profondeur.

On plante les pois bien régulièrement dans ces tranchées et on les recouvre d'un peu de terre.

On emploie les *rames* pour soutenir les pois qui ont de soixante à quatre-vingts centimètres ou plus de hauteur.

66. Les haricots. — Le haricot (fig. 63) est cultivé pour être mangé soit en gousse, soit en grain à l'état sec.

Il y a des *haricots à rames* et des *haricots nains*.

Fig. 63. — Le haricot.

Le haricot demande un sol léger et chaud, fumé avec des engrais bien consommés.

On sème les haricots en mai, lorsque les gelées ne sont plus à craindre.

On sème généralement les haricots en touffes, à raison de 5 ou 6 grains par trou ou poquet.

On bine une fois ou deux.

Le haricot, qui se mange vert en été et sec en hiver, est un légume presque aussi nourrissant que la viande, et pourtant le prix en est peu élevé (environ 0f,50 le kilogramme), alors que la viande coûte trois fois plus.

Le haricot est, pour ainsi dire, la *viande du pauvre*.

67. Le fraisier. — Le fraisier (fig. 64) est une plante dont le fruit rouge ou blanc est délicieux.

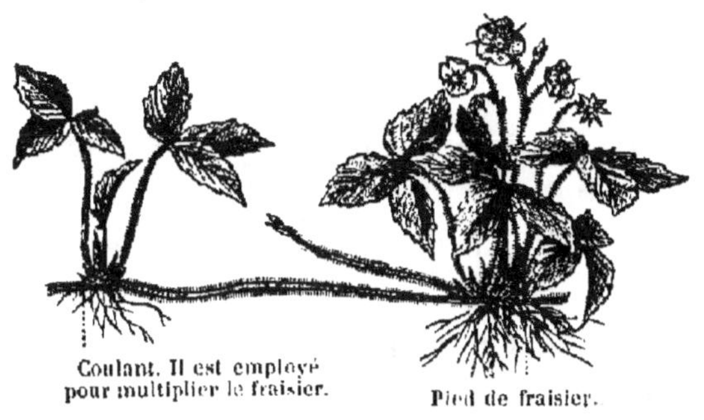

Fig. 64. — Le fraisier.

On multiplie généralement le fraisier à l'aide des *rejetons* ou *coulants* enracinés qu'il donne pendant l'été.

Au printemps de chaque année, les plantations de fraisiers doivent être sarclées et terreautées. Elles doivent aussi être paillées *.

Cette opération a pour but de préserver les fruits, de la terre dont ils pourraient être couverts à la suite de fortes pluies, et des limaces qui n'aiment pas à voyager sur la paille.

Il y a des fraises, comme la *Marguerite-Lebreton*, le *Docteur-Morère*, qui sont grosses et même très grosses.

D'autres fraises, comme la fraise des *quatre saisons*, sont petites, mais très parfumées.

Le fraisier des quatre saisons donne des fruits depuis juin jusqu'à octobre.

68. Coulants du fraisier. — On appelle coulants (fig. 64) les rejets ou pousses latérales * qui se développent à la base des pieds du fraisier.

Ces rejets nuisent à la plante mère, parce qu'ils en prennent la sève et la nourriture.

On doit retrancher avec soin ces rejets, et n'en conserver qu'un ou deux sur chaque pied afin d'en faire du plant pour le renouvellement des carrés trop vieux.

69. Le melon. — Le melon (fig. 65) se cultive en pleine terre dans le Midi ; mais dans le Centre et dans le Nord, on le cultive sur couche et sous châssis ou sous cloches.

Fig. 65. — Le melon.

On sème le melon sur couche au printemps ; on repique les jeunes sujets soit sur couche, soit simplement sur buttes de terre mélangée de terreau, établies sur des trous remplis de fumier chaud.

Le fumier de cheval doit être employé de préférence à tout autre.

On recouvre chaque butte d'une cloche que l'on ombre pendant les premiers jours.

Quand la reprise est assurée, on soulève chaque cloche au moyen de crémaillères en bois.

On pince les branches dès qu'elles sortent de la cloche. Les ramifications que fait naitre cette opération sont de nouveau pincées au-dessus de 3 ou 4 feuilles.

Les fruits ne tardent pas à se montrer.

LEÇON DE CHOSES

LE FERMIER GIROT

70. Les débuts de Girot. — Girot est un ancien sergent que sa belle conduite pendant la guerre de Crimée* a fait décorer de la médaille militaire.

De retour dans ses foyers, Girot s'est mis à la tête d'une culture importante et s'est marié.

Sa femme lui apporta en dot beaucoup plus de bonnes qualités que de gros écus.

Notre brave ami a commencé sa culture avec peu d'argent, mais avec tant d'intelligence et de courage, qu'aujourd'hui il est riche : il possède de nombreux bestiaux, des terres cultivées avec soin, une ferme bien organisée.

Au dernier concours, Girot a obtenu une prime d'honneur.

71. Les secrets de Girot. — « Je ne fais pas comme tout le monde, dit quelquefois Girot.

Mes voisins négligent la culture de leur jardin; ma femme soigne le mien avec goût et en tire des produits abondants et d'excellente qualité.

Déjà nos enfants, Paul et Marie, sarclent, binent les carrés de légumes pendant que leur mère plante et arrose.

Si je donne des légumes et des fruits à manger à mon personnel, il me reste plus de blé à vendre, plus de lait pour fabriquer du beurre.

* Beaucoup de cultivateurs laissent couler dans les rues le *purin*, c'est-à-dire le jus de leurs fumiers; moi, je le recueille avec soin et, en temps convenable, je le répands

sur l'herbe de mes pâtures. Ainsi, je nourris dix bêtes au lieu de cinq.

Les autres font beaucoup de blé ; moi je fais beaucoup d'herbe. Eux se mettent sur les bras beaucoup de main-d'œuvre ; moi, je trouve le moyen d'en avoir peu.

Je vois souvent des ouvriers qui, ayant très chaud, boivent de l'eau fraîche en abondance, au risque de se rendre gravement malades.

J'ai toujours à ma disposition une boisson qui me désaltère sans me faire de mal : c'est de l'eau à laquelle ma ménagère ajoute un peu d'eau-de-vie ou une légère infusion soit de thé, soit de café.

J'en vois, encore se reposer ou prendre leur repas à l'ombre des arbres ; moi je mange et je me repose en plein soleil, et si, en rentrant chez moi, mes vêtements sont mouillés par la pluie ou par la sueur, je m'empresse d'en changer.

Bon nombre de mes voisins vont répétant que les graines, semées pendant la croissance de la lune, ne lèvent pas ou lèvent mal et qu'il ne faut confier de semences à la terre qu'au déclin de la lune ; moi, je ne crois pas, mais pas du tout, à l'influence de la lune ni sur les semis, ni sur les plantations.

Je sème quand le moment de semer est venu, dans une terre bien fumée, bien labourée et je ris du préjugé de mes voisins. »

72. Comment Girot acquit le goût de la culture. — Tout jeune encore, Girot observait avec attention tout ce qu'il voyait.

Des plantes, il en examinait les feuilles, la tige, les fruits. Des animaux, il en examinait la taille, la conformation.

Au jardinier de l'endroit, il posait un grand nombre de questions sur la culture des légumes, la plantation et la taille des arbres.

Au berger, il demandait des renseignements sur son troupeau, sur la laine, sur la nourriture.

Voyait-il, au mois de mars, deux champs de blé dont l'un était jaune et l'autre bien vert, qu'aussitôt il allait en demander la cause au fermier voisin, le père Benoît, qui s'empressait de répondre à toutes les questions de l'écolier.

C'est ainsi que Girot avait, peu à peu, pris le goût de la culture ; c'est ainsi qu'il s'était meublé l'esprit d'idées justes et pratiques.

Faites comme Girot, enfants : vous deviendrez comme lui des cultivateurs intelligents et vous trouverez dans votre métier honneur et profit.

RÉSUMÉ

I. Les plantes cultivées dans le jardin pour leurs racines sont : la carotte, le panais, les pommes de terre hâtives, les oignons, le poireau, les radis, les navets, l'ail et l'échalote.

II. Les plantes cultivées pour leurs tiges ou pour leurs feuilles sont : l'asperge, l'artichaut, les choux, les laitues et les romaines, les chicorées et les scaroles, l'épinard et l'oseille.

III. Les plantes cultivées pour leurs fruits ou pour leurs graines sont : les pois, les haricots, le fraisier et le melon.

EXERCICES

Rédactions. — I. Parlez des arrosages et dites à quel moment de la journée ils doivent être faits, selon la saison.

II. Quels procédés avez-vous vu employer pour conserver les choux pendant l'hiver?

Problèmes. — I. Un jardin a une étendue totale de 5 ares ; les allées occupent une superficie de $0^a,75$. Que vaut le fumier employé sur la partie cultivée, sachant qu'il en faut 1 mètre cube par are et que le mètre cube de fumier est estimé $4^f,75$?

II. Pour ensemencer en pommes de terre Marjolin un carré de jardin, un cultivateur en a acheté 15 kilos à raison de $0^f,30$ le kilo et il en a récolté 150 kilos. Quelle est, déduction faite de la semence, la valeur de la récolte à $2^f,75$ les 100 kilos?

Expériences et excursions. — I. Une plante est atteinte de la jaunisse ; vous l'arrosez deux ou trois fois avec de l'eau dans laquelle vous avez fait dissoudre un peu de sulfate de fer (vitriol vert ou couperose). Au bout de quelque temps, constater les résultats.

II. Repiquer, dans un coin du jardin, quelques coulants de fraisier et en suivre le développement.

QUESTIONNAIRE. — **47.** Qu'est-ce que les légumes? — **48.** Parlez de la culture des carottes? — **49.** Qu'est-ce que le panais et quelles sont les meilleures variétés à cultiver dans le jardin? — **50.** Comment cultive-t-on les pommes de terre? — **51.** Parlez de la culture des oignons. — **52.** Qu'est-ce que le poireau? — **53.** Quelles sont les diverses variétés de radis cultivés? — **54.** Quelles sont les meilleures variétés de navets? — **55.** Comment multiplie-t-on l'ail et l'échalote? — **56.** Qu'est-ce que l'asperge? — **57.** Comment cultive-t-on l'artichaut? — **58.** Comment cultive-t-on les choux? — **59.** Indiquez les divers procédés employés pour conserver les choux. — **60.** Qu'est-ce que les laitues et les romaines? — Comment cultive-t-on ces légumes? — **61.** Qu'est-ce que les chicorées et les scaroles? — Comment cultive-t-on les chicorées et les scaroles? — Quel procédé emploie-t-on pour faire blanchir les chicorées et les scaroles? — **62.** Comment cultive-t-on l'épinard? — **63.** Comment multiplie-t-on l'oseille? — **64.** Parlez du persil et du cerfeuil. — **65.** Parlez des pois. — **66.** Qu'est-ce que les haricots et comment les cultive-t-on? — **67.** Comment multiplie-t-on le fraisier? — **68.** Qu'appelle-t-on coulants du fraisier? A quoi servent les coulants du fraisier? — **69.** Comment cultive-t-on le melon? — **70.** Quels ont été les débuts de Girot? — **71.** Parlez des secrets de Girot. — **72.** Comment Girot acquit-il le goût de la culture?

VIII. — LES ARBRES FRUITIERS

73. Définitions. — On appelle **arbres fruitiers** les arbres que l'on cultive dans les champs et dans les jardins pour en obtenir des fruits.

Les fruits ont une place importante dans notre alimentation.

Les arbres cultivés dans les champs demandent peu de soins : ce sont des arbres à *haute tige* ou à *plein vent*.

Les arbres cultivés dans les jardins, soit le long des murs, soit dans les plates-bandes, sous des formes diverses, exigent des soins tout particuliers, comme nous le verrons tout à l'heure : ce sont des arbres à *demi-tige* ou à *basse tige*.

74. La greffe. — L'année dernière, avec vos camarades plus âgés, nous avons semé des pépins de pomme et de poire, des noyaux de prune et de cerise.

Ces semis ont donné de jeunes sujets qui, comme vous le voyez, sont d'une belle venue.

Si nous continuons à les laisser croître librement, nous obtiendrons, avec le temps, des arbres vigoureux sans doute, mais dont les fruits ne vaudront guère mieux que les fruits sauvages que vous ramassez souvent dans les bois ou dans les haies.

Pour que nos arbres produisent de bons fruits, nous devrons *greffer** nos jeunes sujets, soit en *fente*, soit en *écusson*, mais poirier sur poirier, pommier sur pommier, etc.

75. La greffe en fente. — Voici un jeune poirier dont la tige est forte, nous allons le greffer en **fente**.

Prenons, sur une bonne variété de poire, un rameau de l'année dernière, dont les yeux sont bien apparents.

Retranchons la partie supérieure de ce rameau et ne conservons à sa base que deux yeux.

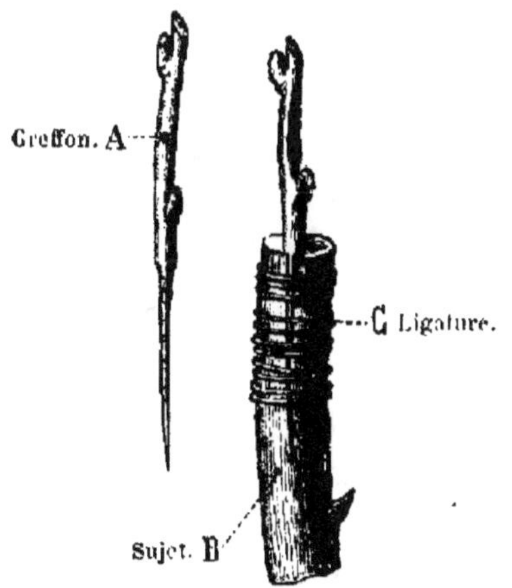

Fig. 66. — La **greffe en fente**. — A, *greffon* taillé en forme de lame de couteau; B. *sujet* fendu pour l'introduction du greffon; C. ligature.

Nous aurons alors ce que l'on nomme un **greffon** A (fig. 66).

Taillons ce greffon en forme de lame de couteau sur une longueur de 3 ou 4 centimètres.

Coupons à une hauteur convenable la tête de

notre arbre à greffer ou *sujet* B ; fendons le haut de la tige et, dans cette fente, introduisons le greffon de manière que les écorces du greffon et du sujet soient bien en contact.

Il ne nous reste plus qu'à couvrir les plaies avec de la terre glaise * ou mieux avec de la cire à greffer *, puis à ligaturer *.

La greffe en fente se fait au printemps, lorsque la sève commence à circuler dans les arbres.

76. La greffe en écusson. — Voici un autre poirier dont la tige est beaucoup plus faible que celle du précédent : nous allons le greffer en **écusson**.

A cet effet, prenons un rameau de l'année courante dont les yeux sont bien formés.

Retranchons les feuilles en ne conservant qu'une petite portion de la queue.

Cette portion de la queue nous permet de manier facilement l'écus-

FIG. 67. — Manière de lever un écusson.

FIG. 68. — Écusson. — A, *œil* de l'écusson.

son que nous allons lever, c'est-à-dire détacher du rameau (fig. 67).

Bon ! voilà l'écusson levé. Vous voyez vers le milieu de cet écusson (fig. 68) un œil A, protégé par un peu d'aubier *.

Fendons maintenant l'écorce du sujet en forme de
T (fig. 69); soulevons les écorces à l'aide de la spa-

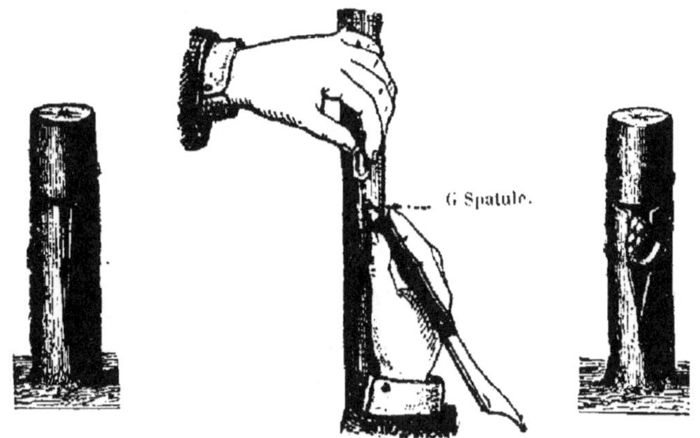

FIG. 69. — Incisions   FIG. 70. — On introduit l'écus-   FIG. 71. — Écus-
en forme de T.   son sous les écorces.   son mis en place.

tule* G de notre greffoir (fig. 70) et introduisons
l'écusson sous ces écorces.

Le voilà placé (fig. 71) : il ne nous reste plus qu'à
rapprocher les lèvres de
la plaie et à ligaturer
(fig. 72) avec de la laine
ou avec des fibres de ra-
phia*.

La greffe en écusson
se fait de la fin de juin à
la fin d'août.

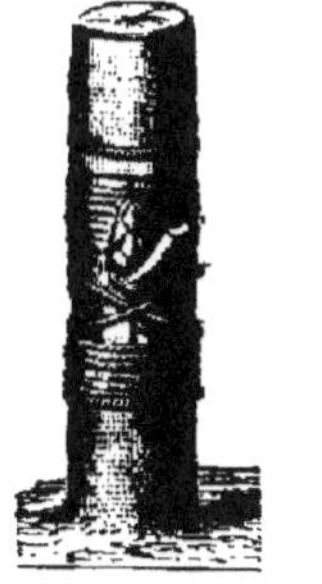

77. La taille. — La
taille a pour but de donner aux arbres fruitiers

FIG. 72. — Écus-   FIG. 73. — Le
son ligaturé.   sécateur.

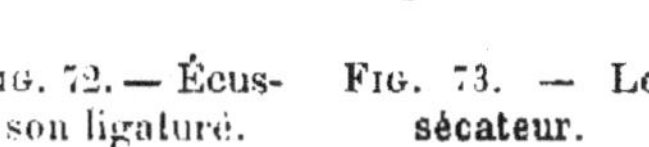

une bonne direction et de rendre plus régulière leur
production.

Nous taillons les arbres depuis le mois de novembre jusqu'au commencement d'avril.

Nous taillons les arbres à l'aide du sécateur (fig. 73).

La taille est une opération assez difficile et dont nous ne pourrons parler que lorsque vous serez plus grands; mais, en attendant, nous allons nous familiariser avec les divers *bourgeons* que produisent les arbres.

78. Les bourgeons. — Examinons cette branche de poirier (fig. 74).

A l'extrémité de cette branche et à l'aisselle * des feuilles, nous remarquons de petits renflements durs B, B, couverts d'écailles.

Ces renflements se nomment **bourgeons** ou **yeux**.

Les écailles protégeront les bourgeons contre les froids de l'hiver.

Au printemps prochain, la sève gonflera ces bourgeons; ils s'ouvriront et produiront de nouveaux rameaux qui s'allongeront plus ou moins pendant l'été.

Ces bourgeons sont appelés *bourgeons à bois.*

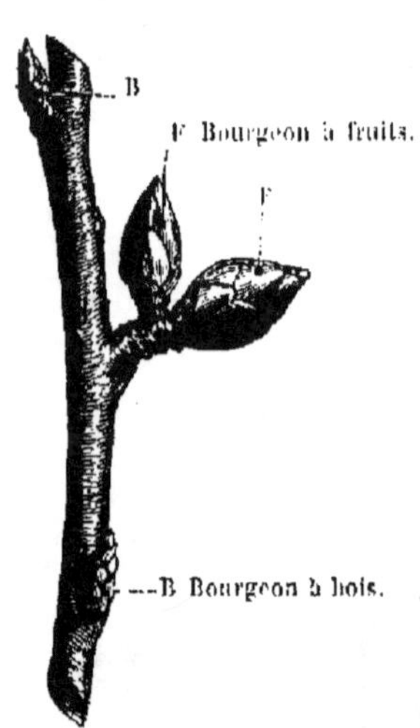

FIG. 74. — Branche de poirier. — B. B, *bourgeons à bois;* F, F, *bourgeons à fruits.*

Nous remarquons encore, sur notre branche de poirier, d'autres renflements F, F, beaucoup plus gros et plus arrondis que les précédents. Ils sont également couverts d'écailles.

Ce sont des *bourgeons à fruits.*

Au printemps, ils donneront naissance à des fleurs, puis à des fruits.

Dans le poirier et dans le pommier, il faut attendre plusieurs années pour que les bourgeons à bois deviennent des bourgeons à fruits.

Dans le pêcher, les bourgeons à fruits naissent sur les rameaux de l'année précédente.

Dans la vigne, le fruit naît sur le bourgeon de l'année courante.

Le bourgeon du pêcher et celui de la vigne ont ceci de particulier : c'est qu'ils ne donnent du fruit qu'une fois.

Il faut donc savoir procéder au remplacement des bourgeons de pêcher et de la vigne quand ils ont donné du fruit.

Pour le poirier et le pommier, nous devons savoir faire naître, pour ainsi dire à volonté, des bourgeons à fruits.

Nous obtenons ces résultats, non seulement par la taille, mais aussi par le *pincement*, **qui est un travail à votre portée.**

79. Le pincement. — Voyez ce poirier : beaucoup de bourgeons sont déjà longs de 10 à 12 centimètres : il est temps d'arrêter leur vigueur.

A cet effet, nous enlevons, à l'aide du pouce et de l'index (fig. 75) la partie supérieure de ces bourgeons.

Fig. 75. — Le pincement.

Cette opération se nomme **pincement**. La sève ne tardera pas à refluer dans les yeux inférieurs; elle les fera grossir et les disposera à se transformer en yeux à fruits.

Ne pinçons pas tous les bourgeons le même jour; nous pourrions faire du mal à notre arbre. Pinçons

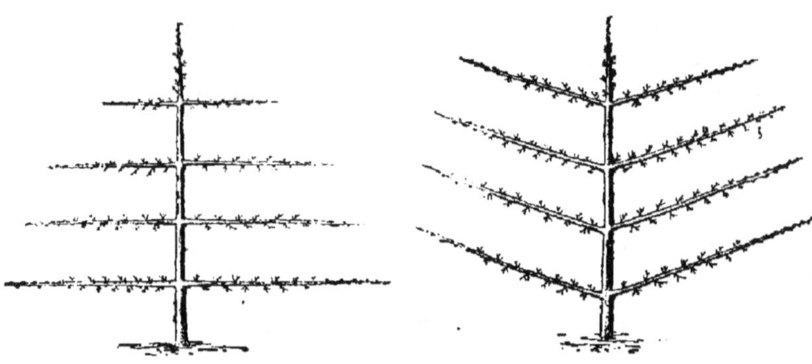

Fig. 76. — Les palmettes.

d'abord les plus longs; nous pincerons les autres dans quelques jours.

80. Formes à donner aux arbres. — Nous avons dit qu'on laisse pousser en liberté les arbres en plein vent.

Il n'en est pas de même des

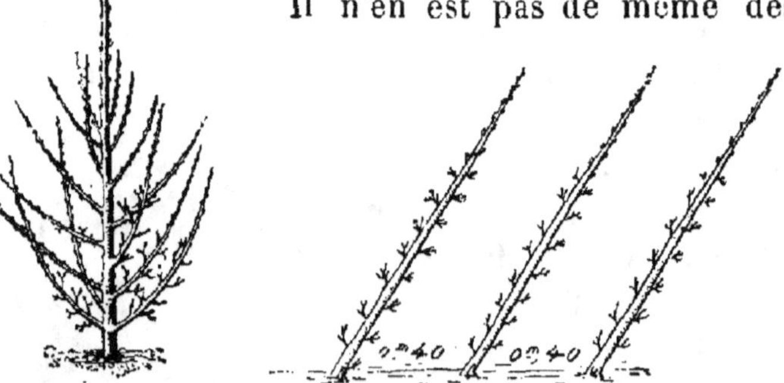

Fig. 77. — Arbre en *cône*. Fig. 78. — Arbres en *cordon oblique*.

arbres en espalier* : nous les cultivons sous différentes formes.

Ici, ce sont des *palmettes* (fig. 76), des *cônes* (fig. 77); là, ce sont des *cordons obliques* (fig. 78), des *cordons*

verticaux (fig. 79), des *cordons horizontaux* (fig. 80) ;
plus loin, ce sont des arbres en *gobelet* (fig. 81).

Chacune de ces formes s'obtient
en plusieurs années.

81. Les fruits à pépins. — Les
fruits à pépins sont les fruits char-

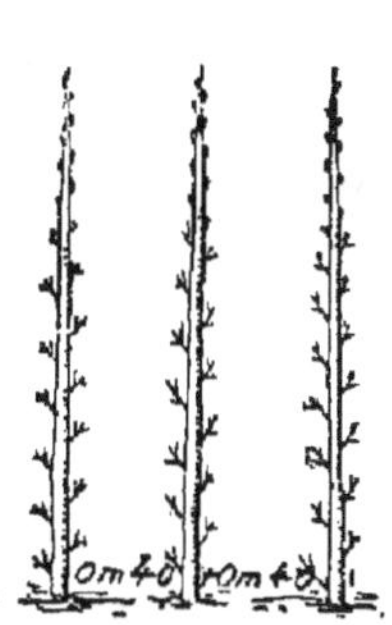

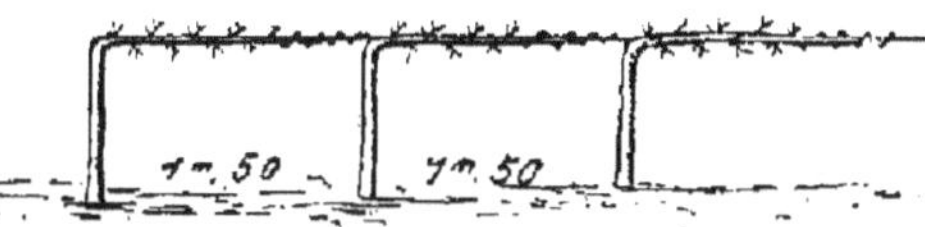

FIG. 79. — Arbres en
cordon vertical.

FIG. 80. — Arbres en *cordon horizontal.*

nus dans l'intérieur desquels se trouvent les *graines*
ou *pépins.*

Les fruits à pépins les plus importants sont la
poire et la *pomme.*

82. La poire. —
La poire (fig. 82) est
un fruit excellent.

L'arbre qui donne
ce fruit se nomme
poirier.

Le poirier se cul-
tive dans le jardin
sous l'une des for-
mes que nous ve-
nons d'indiquer.

Il réussit particu-
lièrement bien dans
les terres fraîches,
de bonne qualité.

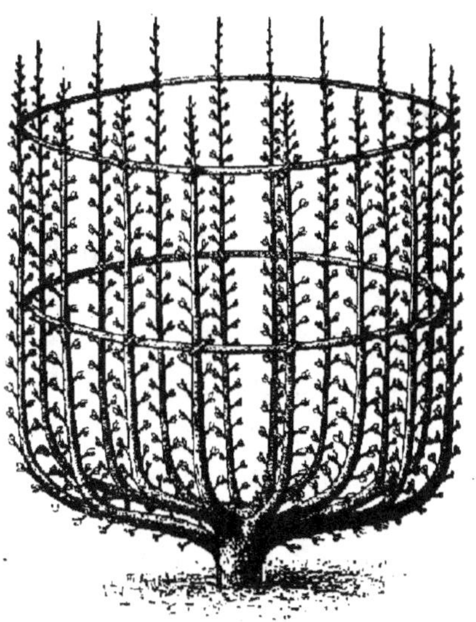

FIG. 81. — Arbre en *gobelet.*

On le greffe, soit en fente, soit en écusson, sur le
poirier obtenu de semis, ou sur le cognassier.

Les meilleures variétés de poires à cultiver dans le jardin sont : la *Louise-bonne* et le *bon-chrétien Willam* qui sont bonnes à manger en août et septembre ; la *Duchesse-d'Angoulème*, en octobre ; le *Beurré magnifique*, en novembre et en décembre ; le *Doyenné d'hiver*, qui se conserve souvent jusqu'aux mois de mars ou d'avril.

83. La pomme. — La pomme (fig. 83) est le fruit

FIG. 82. — La poire est un fruit à *pépins*.

FIG. 83. — La pomme est un fruit à *pépins*.

du *pommier*. Le pommier est plutôt l'arbre des champs que celui des jardins.

Il demande, comme le poirier, un sol frais et profond.

On le greffe, soit en fente, soit en écusson, sur le pommier obtenu de semis, si l'on veut avoir des arbres vigoureux.

On le greffe sur *doucin** pour obtenir les arbres cultivés en gobelet (fig. 81) et sur *paradis** pour obtenir des arbres que l'on dirige sous la forme de cordons horizontaux (fig. 80).

Les meilleures pommes sont : le *Rambour* qui est bon à manger en été ; la *Reinette d'Angleterre*, en automne ; le *Calville*, le *Court-pendu rouge*, la *Reinette de Caux*, la *Reinette franche*, qui sont de longue garde.

84. Les fruits à noyau. — Les fruits à noyau

sont ceux dont la *graine* ou *amande* est renfermée dans une coque dure appelée *noyau*.

Parmi les fruits à noyau, citons la *pêche*, la *prune*, la *cerise*.

85. La pêche. — La pêche (fig. 84) est un fruit délicieux dont la peau est lisse ou couverte de duvet.

L'arbre qui donne la pêche se nomme *pêcher*.

Le pêcher aime les sols calcaires.

On greffe le pêcher sur amandier* ou sur prunier.

Dans les jardins, le pêcher est dirigé sous la forme de palmettes ou de cordons obliques (fig. 76 et 78).

Fig. 84.—La pêche est un fruit à *noyau*.

On taille le pêcher en mars; on pince les bourgeons en été et on les fixe sur des treillages en bois ou en fil de fer au moyen de brins de jonc. Cette dernière opération se nomme *palissage*.

Dans le midi et dans le centre de la France, le pêcher est cultivé en plein vent dans les vignes.

Mais comme cet arbre fleurit dès les premiers beaux jours du printemps, ses fleurs sont souvent victimes des dernières gelées.

Les pêchers cultivés dans les vignes se multiplient de noyaux.

Fig. 85.—La prune est un fruit à *noyau*.

86. La prune. — La prune (fig. 85) est le fruit du prunier.

Le prunier n'est pas difficile sur la qualité du terrain; il se contente d'un sol léger et peu profond.

On greffe le prunier sur prunier obtenu de semis ou sur pruniers obtenus de rejets qui poussent sur les racines des pruniers adultes*.

Il y a un grand nombre de variétés de prunes. Les meilleures sont la *prune d'Agen*, la *reine-Claude*, la *prune de Monsieur*, la *Mirabelle*.

87. La cerise. — La **cerise** (fig. 86) est le fruit du cerisier.

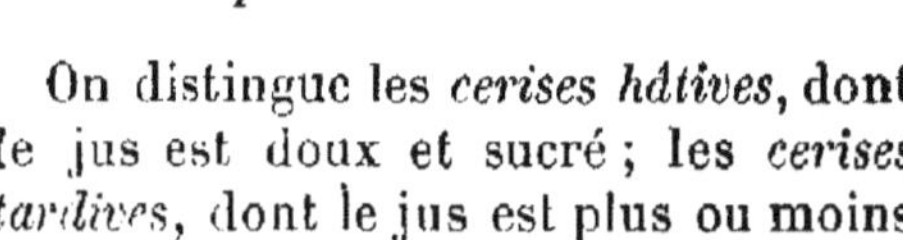

Fig. 86. — La cerise est un fruit à *noyau*.

Le cerisier se plaît dans tous les sols.

On greffe le cerisier sur cerisiers obtenus de semis, sur merisier, et sur le cerisier Sainte-Lucie *, désigné dans certains pays sous le nom de *quenou* ou *canon*.

On distingue les *cerises hâtives*, dont le jus est doux et sucré ; les *cerises tardives*, dont le jus est plus ou moins acide ; le *bigarreau*, plus gros que la cerise ordinaire et dont la chair est croquante ; la *guigne*, de la grosseur du bigarreau, mais dont la chair est moins croquante.

88. Arbustes cultivés pour leurs fruits. — Parmi les arbustes cultivés pour leurs fruits, nous citerons la *vigne*, le *groseillier*, le *framboisier* et le *figuier*.

Fig. 87. — Avec le raisin on fabrique le *vin*.

89. La vigne. — La **vigne** donne le *raisin* (fig. 87) avec lequel on fabrique le vin.

Dans le jardin, nous cultivons le chasselas, qui est le raisin de table le plus apprécié.

Le chasselas se cultive sous la forme de cordon horizontal (fig. 88) et le long d'un mur bien exposé.

On multiplie la vigne par *boutures* (fig. 113) et par des *marcottes* dites *provins* (fig. 114).

90. Le groseillier. — Nous cultivons le gro-

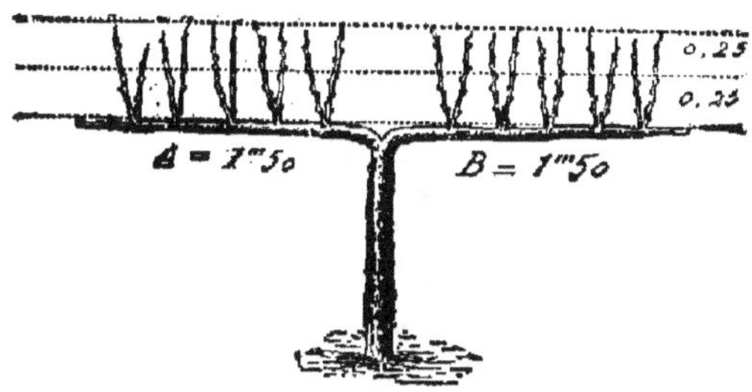

Fig. 88. — Le chasselas se cultive sous la forme de *cordon horizontal*.

seillier à grappes (fig. 89) à fruits rouges ou blancs;

Fig. 89.—Le groseillier   Fig. 90.—Le groseillier   Fig. 91.—Le groseillier
    à *grappes*.   à *maquereau*.   *cassis*.

le *groseillier à maquereau* (fig. 90) et le **groseillier noir** ou **cassis** (fig. 91).

Le groseillier se multiplie de boutures faites au printemps.

Le groseillier demande peu de soins; au printemps, on retranche les branches mortes ou celles qui ont vieilli, puis on raccourcit un peu les autres à l'aide du sécateur.

91. Le framboisier. — Le framboisier (fig. 92) ne donne du fruit que sur les pousses de l'année précédente.

Après avoir porté fruit, ces branches meurent et on les supprime au printemps suivant.

On supprime aussi les branches faibles, puis on taille les autres à $0^m,80$ du sol et on donne un labour.

FIG. 92. — Le framboisier et ses fruits.

FIG. 93. — Le figuier et ses fruits.

92. Le figuier. — Le figuier (fig. 93) ne réussit en pleine terre que dans le midi de la France.

Dans le Nord, on doit l'abriter pendant l'hiver.

LEÇONS DE CHOSES

1° PLANTATION DES ARBRES FRUITIERS

M. DUMONT. — Je vais aujourd'hui, mes jeunes amis, vous montrer à *bien planter* un arbre.

RAOUL. — C'est donc bien difficile, Monsieur, de planter un arbre ?

M. DUMONT. — Il n'est pas difficile de planter un arbre, mais il est assez difficile de le *bien planter*.

J'ajoute qu'il est très important de savoir bien planter un arbre.

Il faut d'abord, lorsqu'on achète un arbre fruitier, s'assurer qu'il est bien portant : c'est une condition pour qu'il pousse vigoureusement et qu'il donne pendant longtemps beaucoup de fruits.

GEORGES. — Mais comment s'assure-t-on qu'un arbre est en bonne santé ?

M. DUMONT. — Vous allez tout de suite vous y reconnaître, car, avec le pommier que nous allons planter, j'en ai apporté un autre qui est malade ; le pépiniériste me l'a donné en me disant qu'il ne pousserait jamais bien.

Les voici tous les deux : choisissez le bon, Georges.

GEORGES. — Ils sont aussi longs l'un que l'autre et à peu près aussi gros. Mais celui-ci a des bosses, des trous par places ; son écorce est dure et comme ridée : il a une vieille figure, enfin.

J'aime mieux celui-là, qui a la peau mince, lisse, luisante : il a l'air plus vivant.

M. DUMONT. — Et vous avez raison, Georges. Si nos deux arbres avaient des feuilles, vous verriez aussi que celles du pommier que vous préférez seraient plus nombreuses, plus grandes, plus vertes.

Ouvrons maintenant le trou dans lequel nous allons planter notre pommier, et ayons soin de lui préparer une bonne table.

LE PETIT ALFRED. — Ça mange donc un pommier ?

M. DUMONT. — Vous faites tort à vos connaissances, mon petit Alfred. Voyons, mon ami, est-il possible de vivre, de grandir, de grossir sans manger ?

LE PETIT ALFRED. — Oh ! non, Monsieur. Maman me dit souvent que je dois bien manger la soupe, si je veux devenir grand.

M. DUMONT. — Eh bien ! le pommier aussi a besoin d'une bonne nourriture, et comme il ne peut pas se déranger pour aller la chercher, il faut la lui mettre à sa portée, c'est-à-dire tout près des racines, qui lui servent de bouche et de mains.

Comprenez bien tous que nous allons donner à notre arbre de la nourriture pour longtemps et que, dans ce but, il est nécessaire de lui préparer un grand trou.

Prenons le mètre et traçons un carré d'un mètre vingt centimètres de côté.

GEORGES. — C'est fait, Monsieur.

M. DUMONT. — Avec ma bêche, je creuse le trou.

Remarquez que je mets de côté les gazons, la terre noire qui est bonne. Je mettrai aussi de côté la terre que je tirerai du fond de mon trou. C'est fait.

Mesurez la profondeur du trou, Georges ?

Georges. — Il a quatre-vingts centimètres de profondeur.

M. Dumont. — C'est la profondeur voulue.

Je rejette, au fond du trou, les gazons et la bonne terre, de façon à former un monticule qui s'élèvera jusqu'au niveau du sol, et même un peu au-dessus.

Raoul. — Mais où allons-nous placer le pommier, Monsieur?

M. Dumont. — Nous allons le placer sur le monticule **A** (fig. 94), en ayant soin de bien écarter les racines autour du sommet de ce monticule.

Notre arbre, peu enterré, poussera mieux, et sera ainsi plus fertile, sans compter que les fruits deviendront plus gros et meilleurs.

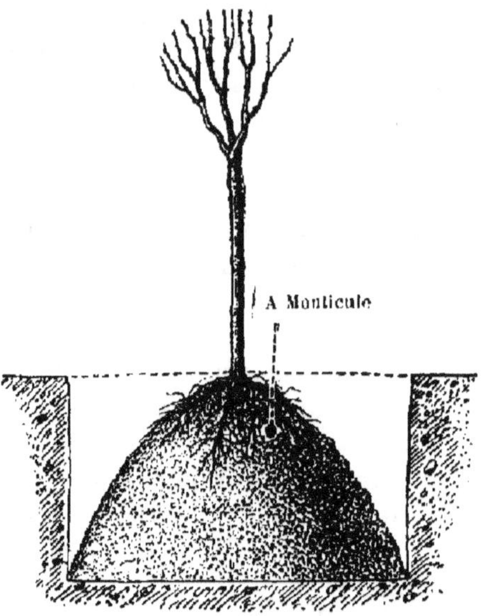

Fig. 94. — Comment on plante un arbre.

Voyons, Raoul, tenez le pommier et comprenez bien ce que je fais.

Je couvre les racines de bonne terre, bien meuble, et avec les mains j'appuie pour que ces racines soient bien en contact avec la terre. J'achève de remplir complètement le trou, sans toucher à l'arbre, surtout sans fouler avec les pieds la terre, qui s'affaissera d'elle-même dans peu de temps.

Tout à l'heure, nous donnerons un bon coup d'arrosoir et nous mettrons une brouettée de fumier en couverture, afin de conserver la fraîcheur et de donner de la nourriture aux racines de notre arbre.

Georges. — Mais, Monsieur, l'arbre ne tient pas beaucoup; il sera renversé quand il fera un grand vent.

M. Dumont. — Pour empêcher notre arbre d'être renversé, donnons-lui un tuteur*.

2° LES ANIMAUX ET LES INSECTES NUISIBLES AU JARDIN

93. Nos ennemis et nos amis. — Dans la culture de nos jardins, nous avons à lutter contre de terribles **ennemis**, mais aussi, notre besogne est singulièrement facilitée si nous savons protéger les animaux qui leur font une chasse assidue et qui, par là, sont nos **amis**.

Parlons d'abord de nos ennemis.

94. Les souris et les mulots. — Les souris

FIG. 95. — La souris (animal nuisible).

FIG. 96. — Le mulot (animal nuisible).

(fig. 95) et les **mulots** (fig. 96) sont redoutables. Ils s'attaquent aux pois, aux branches des arbres, etc.

On les détruit à l'aide de pièges, ou bien on les empoisonne avec des tartines de pâte phosphorée* que l'on place dans des endroits où les animaux domestiques ne pourront se les approprier.

Le chat et la chouette leur font une chasse assidue.

95. Le lérot. — Le lérot (fig. 97) se nourrit de fruits.

FIG. 97. — Le lérot (animal nuisible).

FIG. 98. — Le loir (animal nuisible).

La pêche, l'abricot, le raisin, la poire sont ceux qu'il préfère, et il sait parfaitement choisir les meilleurs.

On le détruit à l'aide de pièges ou à coups de fusil, le soir, lorsqu'il sort de son trou et vient s'installer sur la crête des murs.

Dans le Midi, le lérot n'existe pas ; mais il est remplacé

par son proche parent, le **loir** (fig. 98) qui commet les mêmes dégâts.

96. La taupe — La **taupe** (fig. 99), quand elle parvient à s'établir dans un jardin, bouleverse le sol en le fouillant pour y trouver sa nourriture qui se compose de vers et, dit-on, de larves de hanneton.

Fig. 99. — La taupe (animal nuisible dans le jardin).

La taupe est donc très nuisible dans le jardin, et l'on doit s'en débarrasser.

Le matin, le tantôt et le soir sont les moments de la journée où elle travaille.

Le jardinier, armé d'une bêche, surveille la taupe et, dès qu'il voit la terre se soulever sous ses efforts, d'un coup de bêche adroitement donné il la fait sortir hors de terre, la tue et l'enfouit.

97. Le hanneton. — Le **hanneton** (fig. 100) et sa **larve** ou **ver blanc** (fig. 101) nous causent de sérieux dégâts.

La larve du hanneton vit trois ans

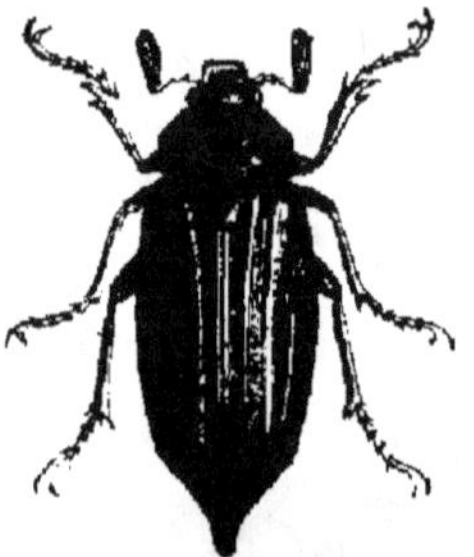

Fig. 100. — Le hanneton dévore les feuilles de nos arbres.

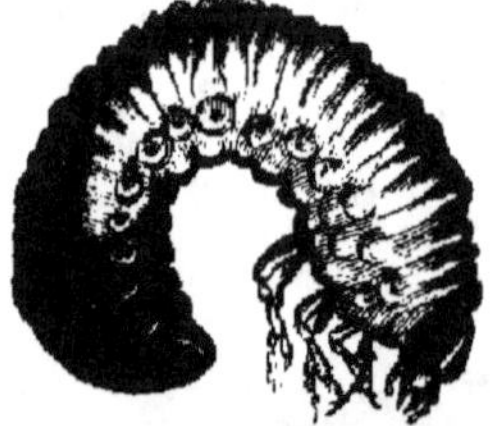

Fig. 101. — La larve du hanneton. — Elle vit pendant trois ans dans la terre, se nourrissant des racines des plantes.

dans la terre, rongeant les racines des plantes et des jeunes arbres.

A la fin de la troisième année, la larve devient un hanneton qui, au mois de mai suivant, sort de terre, prend son vol et, pour vivre, dévore les feuilles de nos arbres.

Faisons aux hannetons une chasse impitoyable ; le matin, avant le lever du soleil, secouons les arbres sous les feuilles desquels ils se sont engourdis et détruisons-les.

98. Les chenilles. — Les chenilles (fig. 102) vivent des feuilles de nos légumes et de nos arbres.

Fig. 102. — **Les chenilles** vivent des feuilles de nos légumes et de nos arbres.

Faisons tous nos efforts, sinon pour les détruire, du moins pour en diminuer le nombre.

La loi oblige les propriétaires, fermiers, locataires et autres, à écheniller ou à faire écheniller les arbres, les haies et les buissons qui sont dans leurs propriétés, et à brûler immédiatement les bourses et les toiles qu'ils en retirent.

99. La piéride du chou. — La chenille de la **piéride** (fig. 103) est de couleur verte.

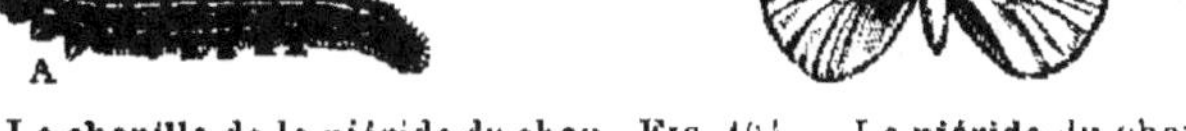

Fig. 103. — La chenille de la piéride du chou.   Fig. 104. — La piéride du chou.

Pendant l'été, elle dévaste nos plantations de choux.

Faisons la chasse à ce joli papillon blanc dont les ailes sont tachées de points noirs.

C'est la *piéride* (fig. 104).

Quant aux chenilles de ce papillon, détruisons-les à la main.

100. Les pucerons. — Les **pucerons** (fig. 105) s'attaquent aux pêchers, aux artichauts, aux fèves, aux rosiers, etc.

Pour les détruire, faisons dissoudre du savon noir dans de l'eau, à raison de 25 grammes par litre et, à l'aide d'une pompe à main,

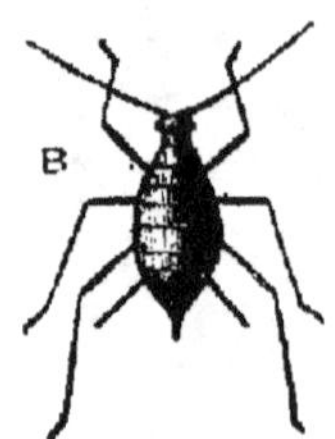

Fig. 105. — Les pucerons s'attaquent aux pêchers, aux artichauts, aux rosiers, etc. — A, branche couverte de pucerons. — B, puceron très grossi.

lançons le liquide sur les arbres infestés, de façon à mouiller les feuilles en dessus et en dessous.

101. Les limaces. — Les **limaces** (fig. 106), qui sont

Fig. 106. — Les limaces.

toujours en grand nombre dans les jardins, se détruisent à l'aide de la chaux vive en poudre que l'on répand sur les carrés qui en sont infestés.

102. Les oiseaux nuisibles. — Parmi les **oiseaux**

nuisibles, citons la **pie** (fig. 107) qui détruit les nids des oiseaux et s'empare des jeunes poulets dans les basses-

FIG. 107. — La pie.

FIG. 108. — Le merle.

FIG. 109. — Le geai.

cours ; le **merle** (fig. 108) et le **geai** (fig. 109) qui dévastent les cerisiers plantés près des bois.

3° UN ENNEMI TERRIBLE DU POMMIER.

M. DUMONT. — Allons visiter le verger et le beau jardin de M. Mathieu. Les récoltes en sont faites, et vous verrez cependant que le jardinier est très occupé.

Il fait le nettoyage des arbres fruitiers, et je tiens à vous faire assister à cette importante opération.

GEORGES. — Mais M. Léon n'a pas, en ce moment, à faire la chasse aux insectes.

On ne voit plus ni papillons, ni hannetons, ni chenilles : ils sont tous morts.

RAOUL. — S'ils étaient tous morts, nous en serions débarrassés pour l'année prochaine.

M. DUMONT. — Il est vrai que presque tous les insectes ont disparu ; mais avant de mourir, ils ont pondu des œufs d'où sortiront, dès les premiers beaux jours du printemps, de nouveaux insectes aussi redoutables que leurs parents.

D'ailleurs, vous allez voir que tous les insectes ne sont pas morts.

M. LÉON. — Bonjour, monsieur Dumont ; bonjour, mes enfants. Je vois avec plaisir que le froid ne vous arrête pas, lorsqu'il s'agit de vous instruire.

Venez ; nous allons voir comment on fait la toilette des arbres.

Au lieu d'un linge bien doux comme celui que vous employez pour vous débarbouiller, nous allons nous servir, pour frotter nos arbres, d'un instrument appelé *racloir* (fig. 110).

Avec ce racloir, nous enlevons les vieilles écorces, les mousses, les lichens*, qui vivent sur les tiges et sur les branches.

GEORGES. — Mais, si on appuie trop fort, on doit blesser les arbres.

M. LÉON. — Aussi, nous n'enlevons que les parties mortes, et nous avons soin de ne pas attaquer l'écorce vivante.

Sans cette opération, les arbres vivraient, sans doute ; mais ils ne seraient jamais aussi vigoureux, aussi bien portants, aussi fertiles que ceux qu'on nettoie.

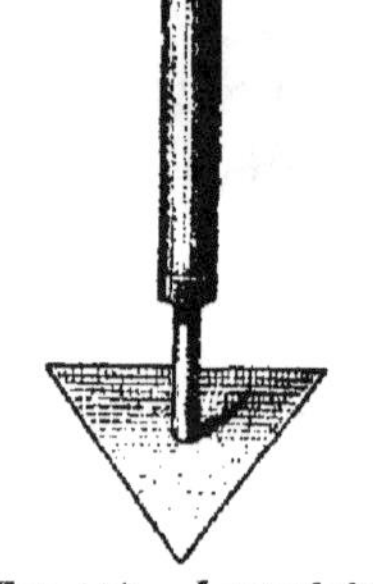

FIG. 110.—Le racloir.

Tenez, prenez ces racloirs ; soulevez doucement les vieilles écorces et faites bien attention.

GEORGES. — Oh ! Monsieur, sous les débris, voilà un insecte, deux, trois ; ils veulent se sauver.

M. DUMONT. — Eh bien ! Georges ; voyez-vous que tous les insectes ne sont pas morts.

Ils attendent, cachés sous les écorces, sous la mousse, à l'abri de la pluie et de la gelée, que le printemps vienne les réchauffer.

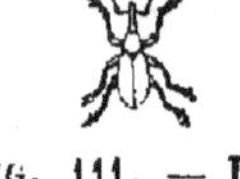

FIG. 111. — L'anthonome (grandeur naturelle).

M. LÉON. — Ceux que vous venez de trouver sont des ennemis terribles du pommier; on les nomme *anthonomes*.

Dans certaines années, l'**anthonome** (fig. 111) cause des dégâts considérables.

Lorsque les pommiers sont sur le point de fleurir, l'insecte, à l'aide de son long bec, perce un trou dans les boutons à fleur et y dépose un œuf.

La larve* naît, grandit, grossit ; elle dévore les parties intérieures de la fleur, et empêche ainsi la formation du fruit.

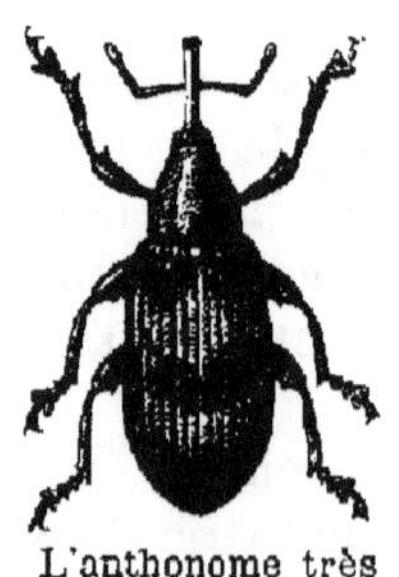

L'anthonome très grossi.

En 1889, on a évalué à 120 millions de francs, les dégâts causés par l'anthonome, pour la Normandie* seulement.

L'opération que nous faisons en ce moment a pour but

de détruire le plus possible de ces redoutables insectes.

RAOUL. — Je comprends maintenant pourquoi on fait ainsi la toilette des arbres.

M. LÉON. — Mais cette opération ne suffit pas. Passons dans le verger, et vous verrez comment on complète ce nettoyage des écorces.

GEORGES. — Tiens ! les arbres sont tout jaunâtres.

M. LÉON. — Ces arbres ont été, à l'aide d'un gros pinceau, badigeonnés* (fig. 112) avec un liquide composé de 100 litres d'eau, de 3 kilogrammes de sulfate de fer* et de 2 kilogrammes de chaux. Ce mélange se nomme *bouillie normande*.

FIG. 112. — Jardinier *badigeonnant* un arbre.

Cette bouillie a pour effet de détruire les mousses, les champignons qui poussent sur les arbres ; elle rend les écorces plus lisses, plus nettes.

LES ENFANTS. — Au revoir, monsieur Léon.

RÉSUMÉ

I. On greffe les arbres fruitiers en *fente* ou en *écusson*.

La greffe en fente se fait au printemps et la greffe en écusson de fin juin à fin août.

II. On taille les arbres, pour leur donner une forme déterminée et pour régulariser la production des fruits.

On taille les arbres de novembre au commencement d'avril.

III. Les **bourgeons** sont des renflements placés à l'extrémité des branches et à l'aisselle de toutes les feuilles.

On distingue des *bourgeons à bois* et des *bourgeons à fruits*.

IV. Le **pincement** a pour but de raccourcir les jeunes bourgeons, afin de faire refluer la sève dans les yeux inférieurs de ces bourgeons.

V. On cultive les arbres fruitiers sous forme de *palmettes*, de *cônes*, de *cordons obliques*, de *cordons horizontaux*, de *cordons verticaux*.

VI. Les arbres cultivés dans le jardin pour leurs fruits sont : le *poirier*, le *pommier* qui donnent des fruits à pépins ; le *pêcher*, le *prunier*, le *cerisier* qui donnent des fruits à noyau.

Les arbustes cultivés pour leurs fruits sont : la *vigne*, le *groseillier*, le *framboisier*, le *figuier*.

VII. Les animaux nuisibles au jardin sont : les *souris* et les *mulots*, le *lérot*, la *taupe*.

Les insectes nuisibles sont : le *hanneton*, les *chenilles*, les *limaces*, les *pucerons*.

Les oiseaux nuisibles sont : la *pie*, le *merle*, le *geai*.

EXERCICES

Rédactions. — I. Expliquez comment on s'y prend pour greffer un arbre en fente.

II. Jules est un maraudeur qui fait la désolation de ses père et mère. Le garde champêtre l'a trouvé cueillant des pommes sur un arbre appartenant à un voisin. Procès-verbal et conséquences. Morale.

Problèmes. — I. Un jardinier a récolté 375 poires. Il réserve le tiers de cette récolte pour sa consommation et vend le reste, à raison de 0^f,15 la poire : combien cette vente lui a-t-elle produit ?

II. Un cultivateur a acheté 12 poiriers à haute tige à 0^f,75 l'un, 15 pommiers à 0^f,50 et 6 pêchers à 0^f,80 : combien a-t-il dépensé ?

Expériences et excursions. — I. Au printemps, assister à la taille d'un poirier en espalier.

II. Se faire expliquer, au moment de la plantation, la manière de planter un arbre.

QUESTIONNAIRE.—**73**. Qu'est-ce que les arbres fruitiers ? — **74**. Quelle est l'utilité de la greffe ? — **75**. Comment fait-on la greffe en fente ? — **76**. Comment se fait la greffe en écusson ? — **77**. Quel est le but de la taille ? — **78**. Qu'est-ce que les bourgeons ? — Quelles sont les deux sortes de bourgeons ? — **79**. En quoi consiste le pincement ? — **80**. Quelles sont les différentes formes que l'on donne aux arbres ? — **81**. Qu'appelle-t-on fruits à pépins ? — **82**. Qu'est-ce que le poirier ? — Nommez les meilleures variétés de poires ? — **83**. Parlez du

pommier. — Quelles sont les meilleures variétés de pommes? — **84.**
Qu'est-ce que les fruits à noyau? —
85. Qu'est-ce que le pêcher? —
Comment cultive-t-on le pêcher?
— **86.** Qu'est-ce que le prunier? —
Comment cultive-t-on le prunier?
— Quelles sont les meilleures variétés de prunes? — **87.** Qu'est-ce
que le cerisier? — Comment cultive-t-on le cerisier? — Quels sont
les noms des diverses cerises? —
88. Quels sont les arbustes cultivés
pour leurs fruits? — **89.** Qu'est-ce que
la vigne? — Comment multiplie-t-on
la vigne? — **90.** Parlez des groseilliers. — **91.** Comment cultive-t-on
le framboisier? — **92.** Parlez du
figuier. — **93-94.** Dites comment
les mulots et les souris sont nuisibles? — **95.** Parlez du lérot. —
96. Dites ce que vous savez de la
taupe. — **97.** Qu'est-ce que le hanneton? — Comment se nomme la larve
du hanneton? — **98.** Parlez des
chenilles. — **99.** Qu'est-ce que la
piéride? — **100.** Qu'est-ce que les
pucerons? — **101.** Qu'est-ce que
les limaces? — **102.** Quels sont les
oiseaux nuisibles?

IX. — LES FLEURS

103. Les fleurs obtenues par semis. — La plupart des fleurs qui ornent notre jardin (reine-marguerite, balsamine, pétunia, zinnia, etc.) proviennent de semis faits au printemps.

Mais certaines plantes (géraniums, œillets, etc.) s'obtiennent de *boutures* ou de *marcottes*.

104. La bouture. — Pour obtenir une bouture de géranium, par exemple (fig. 113), nous détachons du pied-mère un rameau de 10 à 15 centimètres de long; nous le coupons aussi nettement que possible à environ un centimètre au-dessous du point où se trouve une feuille, et nous retranchons les deux feuilles qui viennent au-dessus de la coupe.

Fig. 113. — La **bouture** est un rameau qu'on sépare d'une plante et que l'on met en terre pour lui faire produire des racines.

Nous plantons ce rameau ainsi préparé, en plein air, dans un sol léger, frais, additionné de terreau bien consommé.

Nous arrosons modérément et de temps en temps.

Dans six semaines environ, notre rameau aura émis des racines, et nous aurons alors une plante tout à fait semblable à celle d'où nous l'avons détaché.

105. La marcotte. — Pour faire une **marcotte** (fig. 114), choisissons une branche B et couchons-la dans le sol, sans la détacher du pied-mère, après avoir enlevé les feuilles et les brindilles de la partie que l'on doit enterrer; relevons ensuite l'extrémité de la branche et maintenons-la à l'aide d'un tuteur *.

Fig. 114. — La marcotte. — B, branche couchée dans la terre; — A, nouvelles racines.

Lorsque nous serons sûrs que les racines A sont assez nombreuses, nous séparerons notre marcotte du pied-mère et nous la planterons à demeure.

106. Fleurs annuelles. — Les fleurs annuelles sont celles qui ne vivent qu'un an.

107. La reine-marguerite et la balsamine. — La reine-marguerite (fig. 115) et la **balsamine** (fig. 116) s'obtiennent de semis faits sur couche, du 20 mars au 15 avril.

Lorsque les jeunes plants sont assez forts, on les

repique en pépinière dans une terre bien fumée et bien labourée.

Dès que les pieds montrent leurs premières fleurs,

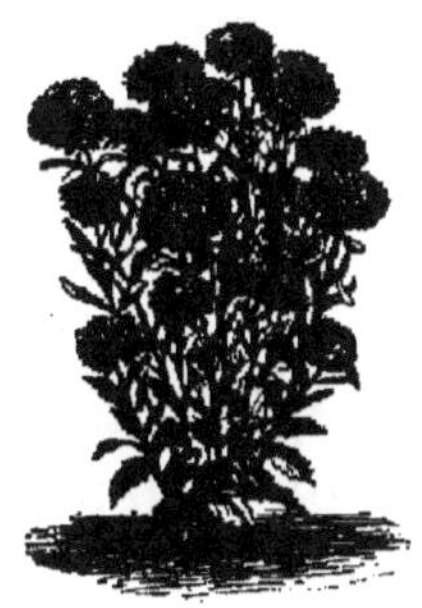

FIG. 115. — La reine-marguerite se multiplie par *semis* faits au printemps.

FIG. 116. — La balsamine se multiplie par *semis* faits au printemps.

on les lève en motte et on les plante à demeure.
La floraison dure de juillet à septembre.

Nous cultiverons ainsi le *zinnia*, la *giroflée quarantaine*, l'*œillet d'Inde*, le *pétunia*, etc.

108. Le réséda. — Le réséda (fig. 117), dont les fleurs répandent une si bonne odeur, ne s'accommode guère de la transplantation.

Semons-le donc en place, sur plate-bande, en mars et avril. Il fleurit jusqu'aux gelées.

109. Fleurs bisannuelles. — On appelle

FIG. 117. — Le réséda se sème en *place*, au printemps.

fleurs bisannuelles, celles qui durent deux ans.

110. La pensée. — La pensée (fig. 118) se sème de fin juillet au 20 août, en pépinière et à bonne exposition.

En octobre, on repique en pépinière les jeunes sujets sur un sol recouvert de quelques centimètres de terreau.

Au printemps suivant, on emploie les pensées pour garnir les corbeilles *, les plates-bandes.

Fig. 118. — La pensée se sème de juillet en août et fleurit au printemps.

On cultive de même la *giroflée jaune*, la *rose trémière*, le *muflier*, l'*œillet de poète*, etc.

111. Plantes vivaces. — Les plantes vivaces sont celles qui vivent plusieurs années.

112. L'œillet des fleuristes. — L'œillet des fleuristes (fig. 119) se multiplie par boutures que l'on fait dans du sable fin pur, ou par marcottes.

Fig. 119. — L'œillet des fleuristes se multiplie de boutures ou de marcottes.

On le cultive en pleine terre sablonneuse ou en pots, dans une terre composée d'un tiers de terre ordinaire et de deux tiers de terreau.

113. Le chrysanthème. — Le chrysanthème (fig. 120) donne des fleurs en novembre et en décembre.

Le chrysanthème se multiplie de boutures que l'on fait au printemps avec les pousses les plus vigoureuses.

On pince les boutures plusieurs fois, afin d'avoir des plantes moins hautes.

Au mois d'octobre, on lève les pieds en motte, on les place dans des pots et on rentre les plantes, soit dans l'appartement, soit dans une serre où elles fleuriront abondamment.

Fig. 120. — Le chrysanthème se multiplie de boutures au printemps.

114. Le dahlia. — Le dahlia (fig. 121) se multiplie, fin de mars, au moyen de ses tubercules qu'on a conservés en cave pendant l'hiver.

115. Autres plantes vivaces. — On multiplie, par éclat des touffes, le *phlox vivace*, le *dielytra*, l'*ancolie*, la *violette*, etc.

116. La jacinthe et la tulipe. — La jacinthe (fig. 122) et la tulipe (fig. 123) se multiplient au moyen de leurs oignons que l'on plante en pleine terre, à la fin d'octobre. Elles fleurissent au printemps.

Fig. 121. — Le dahlia se multiplie à l'aide de ses tubercules.

Lorsque les fanes sont desséchées, on relève les oignons, on les fait sécher et on les rentre pour les planter de nouveau à l'automne.

117. Le géranium. — Le géranium (fig. 124) se multiplie de boutures de juillet au 15 août, en plein air et en terre légère.

Lorsque les boutures sont bien enracinées, on les met en petit pots

FIG. 122. — La **jacinthe** se multiplie au moyen de son oignon.

FIG. 123. — La tulipe se multiplie au moyen de son oignon.

FIG. 124. — Le **géranium** se multiplie de boutures.

et on les rentre en serre ou en appartement, à l'abri de la gelée.

On doit les arroser très modérément du 15 novembre au 15 février.

118. Le fuchsia. — Le fuchsia (fig. 125) se multiplie aussi de boutures faites en terre de bruyère * ou en terreau additionné de sable fin.

FIG. 125. — Le fuchsia se multiplie de boutures.

Les boutures de fuchsia se font au printemps, sous

châssis ou sous cloche que l'on ombre d'une toile claire afin d'affaiblir les rayons du soleil.

Pendant l'été, le fuchsia demande à être arrosé souvent.

En automne, on le rentre dans une cave, à l'abri de la gelée et on ne le sort que vers le 10 mai.

Le fuchsia exige une exposition demi-ombragée.

119. Les arbustes à fleurs. — Parmi les arbustes à fleurs, citons en première ligne, le *rosier*.

120. Le rosier. — La rose (fig. 126) est la reine des fleurs. Le *rosier* a sa place marquée dans tous les jardins dont il est le principal ornement. Il en existe un grand nombre de variétés qui produisent des fleurs de nuances et d'odeurs variées.

Fig. 126. — Le rosier se multiplie par la greffe en écusson faite sur églantier.

On multiplie le rosier par la greffe en écusson, sur l'églantier ou rosier sauvage.

On le multiplie aussi de boutures qui se font en pleine terre, en automne ou en serre au printemps.

Pour préserver de la gelée certaines variétés de rosier, on plie les tiges et l'on couche dans la terre les rameaux auxquels on a donné une taille provisoire.

121. Autres arbustes à fleurs. — Citons encore le *lilas,* qui pousse facilement partout, le *jasmin*, le *deutzie*, l'*althéa*, les *azalées*, les *spirées*, la *viorne* d'un bel effet au mois de juin par ses gros bouquets de fleurs blanches en boules, etc.

LEÇONS DE CHOSES

1° CONSERVATION, PENDANT L'HIVER, DES PLANTES DE FENÊTRE

GASTON. — Maman aime beaucoup les fleurs; elle en orne les fenêtres de notre habitation.

Quand elle les apporte du marché, ces fleurs sont toujours très belles; mais elles ne tardent pas à devenir souffreteuses, et elles finissent par mourir.

M. DUMONT. — C'est ce qui arrive à bien des gens, parce qu'ils ignorent le lieu d'origine des fleurs qu'ils achètent.

GASTON. — Cela fait donc quelque chose, Monsieur?

M. DUMONT. — Cela fait tout, mon ami, car une plante qui pousse à l'état sauvage dans un pays où il fait toujours chaud, ou dans un terrain toujours humide, ne peut être conservée belle et vigoureuse chez vous, que si vous la placez dans les mêmes conditions.

C'est pour cela que certaines plantes doivent, pendant l'hiver, être rentrées dans les appartements.

Voyons, Raoul, que faut-il donner à un être vivant, animal ou plante, pour qu'il se porte bien?

RAOUL. — Il faut donner à cet être de la nourriture, de l'air et de la lumière.

M. DUMONT. — Pour sa nourriture, nous donnons à la plante du terreau additionné d'un peu de sable fin; mais pourquoi lui donner de l'air?

RAOUL. — Parce que sans air, on ne respire pas, on meurt.

M. DUMONT. — Or, les plantes, je vous l'ai déjà dit, respirent par les feuilles.

L'air pénètre dans les feuilles par une multitude de petits trous, de *pores*.

Si ces pores sont bouchés par de la poussière, la respiration se fait difficilement. D'où la nécessité de faire, de temps en temps, la toilette des feuilles, afin que l'air puisse y pénétrer facilement.

A cet effet, on trempe un chiffon dans l'eau et on lave

bien toutes les feuilles des plantes qu'on est obligé de conserver dans l'appartement.

Il suffira ensuite de donner de l'air aux plantes, en ouvrant la porte quand il fait bon, et en les exposant à la lumière, en face d'une fenêtre.

Ai-je besoin de vous dire qu'il ne faut pas les placer sous une table, ni dans un coin quelconque, ni surtout à la cave?

2° ANIMAUX ET OISEAUX UTILES AU JARDIN

122. Le hérisson. — Le hérisson (fig. 127) se nourrit de limaces, de limaçons et d'insectes.

FIG. 127. — Le hérisson se nourrit d'animaux et d'insectes nuisibles.

FIG. 128. — La chauve-souris se nourrit d'insectes.

Le hérisson est donc un auxiliaire du jardinier.

Attirons-le dans nos jardins et laissons-le s'y multiplier.

Deux hérissons dans un jardin le débarrassent complètement en quinze jours des limaces et des limaçons.

123. La chauve-souris. — La chauve-souris (fig. 128) n'est pas un oiseau : c'est un mammifère *.

La chauve-souris chasse pendant la nuit.

Elle quitte le trou où elle habite au moment où les oiseaux insectivores cessent leur travail, et elle poursuit les insectes qui ne se réveillent qu'au soir.

FIG. 129. — Le lézard se nourrit d'insectes.

FIG. 130. — Le crapaud se nourrit d'insectes.

124. Autres animaux utiles. — Protégeons aussi

le **lézard** (fig. 129), le **crapaud** (fig. 130), la **musaraigne** (fig. 131) qui se nourrissent tous d'insectes.

FIG. 131. — La musaraigne se nourrit d'insectes.

125. Les oiseaux. — Les **oiseaux** nous rendent de réels services ; ils détruisent les insectes et les larves * d'insectes.

Gardons-nous donc de faire du mal aux oiseaux ; attirons-les dans nos jardins et ne nous faisons pas un malin plaisir de détruire leurs nids.

126. La chouette. — La **chouette** (fig. 132) travaille la nuit ; elle fait la chasse aux souris, aux mulots et aux campagnols.

FIG. 132. — La chouette fait la chasse aux souris et aux mulots.

FIG. 133. — Le **hibou** fait la chasse aux souris et aux mulots.

Quelques personnes croient encore que le cri de la chouette annonce quelque malheur : c'est un *préjugé* *.

FIG. 134. — La buse se nourrit d'animaux nuisibles.

FIG. 135. — Le **moineau** fait la chasse aux chenilles dépourvues de poils et aux hannetons.

Savez-vous pourquoi la chouette pousse des cris si plaintifs, surtout lorsqu'elle passe devant une maison où il y a de **la** lumière ? C'est que cet oiseau a les yeux très délicats et que

la lumière lui fait éprouver une sensation fort désagréable.
N'oublions pas que la chouette nous rend plus de ser-

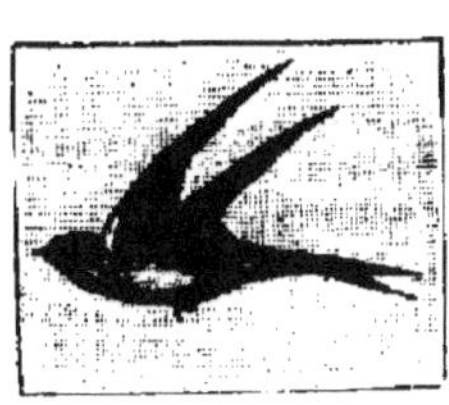

Fig. 136. — L'hirondelle détruit
beaucoup d'insectes volants.

Fig. 137. — Le corbeau.

vices que le meilleur chat, et cessons de la persécuter.
Les proches parents de la chouette, le **hibou** (fig. 133) et la

Fig. 138. — La **mésange**.

Fig. 139. — Le **rossignol**.

buse (fig. 134) nous rendent, comme elle, d'importants services.

127. Le moineau. — Le moineau (fig. 135), que nous
accusons de dévaliser nos cerisiers et nos blés, fait la chasse
aux chenilles dépourvues de poils et
aux hannetons. Il en détruit des quantités considérables pour la nourriture
de ses petits.

128. L'hirondelle. — L'hirondelle

Fig. 140.— La **bergeronnette**.

Fig. 141. — La **fauvette**.

(fig. 136) mange, en volant, un grand nombre d'insectes ailés.

129. Autres oiseaux utiles. — Le **corbeau** (fig. 137) dévore un grand nombre de vers rouges, de larves de hanneton ; la **mésange** (fig. 138), le **rossignol** (fig. 139), la **bergeronnette** (fig 140), la **fauvette** (fig. 141) ne vivent absolument que d'insectes.

Un couple de ces oiseaux, qui a des petits à élever, détruit en une heure plus de chenilles et de larves qu'un homme ne pourrait en détruire en un jour.

RÉSUMÉ

I. La **bouture** est un jeune rameau que l'on détache d'une plante et que l'on place dans une terre convenable où il émettra des racines.

II. La **marcotte** est une branche que l'on couche dans la terre sans la détacher du pied-mère. Lorsque cette branche est enracinée, on la détache pour la planter à demeure.

III. Les **fleurs annuelles** les plus cultivées sont : la *reine-marguerite*, la *balsamine*, qui se sèment en pépinière ainsi que la *zinnia*, la *giroflée quarantaine*, le *pétunia*, etc.

Le *réséda* se sème en place, parce qu'il ne s'accommode pas de la transplantation.

IV. Parmi les **plantes bisannuelles**, citons la *pensée*, la *giroflée jaune*, la rose *trémière*, le *muflier*, l'*œillet de poète*, etc.

V. Les **plantes vivaces** que l'on trouve le plus communément dans le jardin sont : l'*œillet des fleuristes*, le *chrysanthème*, le *dahlia*, le *phlox vivace*, la *jacinthe*, la *tulipe*, le *géranium* et le *fuchsia*.

VI. Les **animaux** que nous devons protéger sont : le *hérisson*, la *chauve-souris*, le *crapaud*, le *lézard*, la *musaraigne*.

Les oiseaux, amis du jardinier, sont nombreux ; tous ou presque tous ont droit à notre protection.

EXERCICES

Rédactions. — I. Vous avez fait une bouture de géranium et vous l'avez réussie. Dites comment vous vous y êtes pris pour faire cette bouture.

II. Qu'est-ce que la chouette et quels services nous rend cet oiseau ? Parlez du préjugé qui règne dans les campagnes, à l'égard de la chouette.

Problèmes. — I. Une hirondelle détruit par jour environ 500 insectes : combien 100 hirondelles en détruiront-elles en 5 mois (prendre le mois de 30 jours) ?

II. Dans la saison des nids, un couple de fauvettes rapporte à ses petits environ 50 insectes par heure. Combien ce couple détruira-t-il d'insectes pour élever sa couvée, s'il travaille 10 heures par jour et si les petits ne quittent leur nid que 15 jours après leur naissance ?

Expériences et excursions. — I. Pour s'assurer que la taupe ne mange pas les racines des plantes comme quelques personnes le croient, examiner les dents de cet animal et conclure.

II. On a introduit dans un potager plusieurs crapauds : les limaces qui s'attaquaient aux légumes ont bien vite disparu. Conclusion.

QUESTIONNAIRE. — **103**. Comment obtient-on la plupart des fleurs? — **104**. Comment fait-on une bouture? — **105**. Comment fait-on une marcotte? — **106**. Qu'appelle-t-on fleurs annuelles? — **107**. Comment cultive-t-on la reine-marguerite et la balsamine? — **108**. Comment cultive-t-on le réséda? — **109**. Qu'est-ce que les plantes bisannuelles? — **110**. Comment cultive-t-on la pensée? — **111**. Qu'est-ce que les plantes vivaces? — **112**. Comment multiplie-t-on l'œillet des fleuristes? — **113**. Parlez du chrysanthème. — **114**. Comment multiplie-t-on le dahlia? — **115**. Citez d'autres plantes vivaces. — **116**. Comment cultive-t-on la jacinthe et la tulipe? — **117**. Comment multiplie-t-on le géranium? — **118**. Parlez de la culture du fuchsia. — **119-120**. Comment cultive-t-on le rosier? — **121**. Citez quelques arbustes à fleurs? — **122**. Qu'est-ce que le hérisson? — **123**. Parlez de la chauve-souris? — **124**. Citez quelques autres animaux utiles? — **125**. Quelle est l'utilité des oiseaux? — **126**. Qu'est-ce que la chouette? — **127**. Pourquoi le moineau a-t-il droit à notre protection? — **128**. De quoi vit l'hirondelle? — **129**. Citez d'autres oiseaux utiles?

LEXIQUE

[Ce lexique ne renferme que les mots marqués d'un astérisque (*) dans le corps de l'ouvrage.]

Absorber. Action des racines qui consiste à puiser, à pomper dans la terre les diverses substances qui servent à nourrir les plantes.

Adulte (arbre). Arbre qui a atteint à peu près le terme de son développement. Se dit aussi d'une plante qui commence à produire des fruits.

Aisselle. Point situé au-dessus de l'attache d'une feuille, et d'où naît un bourgeon.

Amandier. Arbre qui donne des amandes. On greffe le pêcher sur l'amandier.

Aubier. Partie tendre et blanchâtre placée immédiatement sous l'écorce de l'arbre.

Badigeonner. Action qui consiste à passer, à l'aide d'un pinceau, un liquide composé d'eau et de chaux (lait de chaux) sur les écorces des arbres.

Bifteck. Tranche de bœuf, prise dans le filet ou le faux filet et que l'on fait griller.

Binage. Action de donner à la terre une façon superficielle pour en faciliter l'aération et détruire les herbes nuisibles.

Bruyère (terre de). Terre provenant de terrains incultes dans lesquels pousse la *bruyère*.

Buis. Arbrisseau buissonneux, à feuilles oblongues d'un vert foncé, luisant en dessus et pâle en dessous.

Bulbe. Oignon d'une plante : la bulbe d'un lys, d'un glaïeul. Une petite bulbe se nomme *bulbille*.

Cire à greffer. Mélange à chaud de 20 parties de cire jaune, de 30 de poix de Bourgogne, de 30 de résine, de 12 de suif et de 8 de cendres tamisées ou de brique réduite en poudre fine, qu'on emploie pour recouvrir les plaies faites à un arbre qu'on vient de greffer en fente.

Corbeille. Étendue de terrain, de forme ronde ou elliptique, plus élevée que le terrain environnant et destinée à la plantation de fleurs.

Crimée (la). Presqu'île située au sud de la Russie d'Europe et célèbre par les victoires que les Français y ont remportées en 1854 et 1855.

Doléance. Plainte.

Doucin. Variété de pommier obtenue primitivement de semis, et que l'on multiplie par boutures ou par marcottes. Le doucin donne des sujets de moyenne vigueur.

Dru (semer). Semer très épais. Lorsqu'on a semé trop dru, il faut éclaircir les plants en arrachant les sujets les plus faibles.

Espalier (arbre en). On appelle espalier l'ensemble des arbres élevés le long d'un mur. Les branches de ces arbres sont *palissées* soit sur le mur lui-même, soit sur un treillage en bois ou en fil de fer adossé au mur.

Glaise (terre). Nom sous lequel on désigne l'*argile*.

Greffer. Action qui consiste à prendre un rameau ou simplement un œil d'une bonne variété de plante, et à fixer ce rameau ou cet œil sur une autre plante de moindre mérite, mais de même famille.

Haie vive. Haie formée d'épines ou d'arbustes en pleine végétation.

Hâtif. Se dit d'un fruit, d'une fleur, d'une plante qui croissent rapidement.

Insalubre. Qui est malsain, nuisible à la santé.

Larve. État dans lequel est l'insecte en sortant de l'œuf.

Latérale (rejet). Pousse qui croît sur le côté d'une plante.

Légume. Se dit des plantes que l'on emploie comme aliments.

Lichen. Sorte de plante qui croît sur les troncs et sur les branches des arbres.

Ligaturer. Serrer avec un lien.

Litière. Paille que l'on étend sur le sol des écuries et des étables pour donner aux animaux un meilleur *coucher* et pour absorber les urines.

Mammifère. Animal qui nourrit ses petits de son lait.

Meuble (terre). Se dit d'une terre qui, par la culture, a été rendue plus légère, plus facile à diviser.

Mildew. Sorte de champignon qui se développe à l'envers des feuilles de la vigne et les fait tomber avant la maturité du raisin.

Normandie. Nom d'une ancienne province de France dont la capitale était Rouen, aujourd'hui chef-lieu du département de Seine-Inférieure.

Organe. Partie d'une plante qui remplit une fonction utile à la vie de cette plante.

Pailler. Étendre sur le sol pour y maintenir la fraîcheur, du fumier provenant de la démolition d'une couche.

Paradis. Variété de pommier obtenue primitivement de semis et que l'on multiplie par boutures ou par marcottes. Le pommier paradis donne des sujets peu vigoureux.

Phosphatée (pâte). Pâte à laquelle on ajoute du phosphore et qui sert à empoisonner les rats, les souris, etc.

Planche. On donne le nom de planche à une petite étendue de terrain *aplani* et destiné à recevoir des légumes ou des fleurs.

Plate-bande. Espace de terre étroit qui borde les carrés d'un jardin.

Poquet (semer en). Déposer une ou plusieurs graines dans des trous faits en terre, à l'aide d'une pioche.

Poumon. Les poumons sont les organes au moyen desquels respirent l'homme et les animaux.

Préjugé. Erreur, opinion adoptée sans examen.

Purin. Eau noirâtre provenant de l'urine des animaux et du jus des fumiers.

Raphia. Sorte de palmier dont on tire les fibres employées pour ligaturer les greffes en écusson.

Récipient. Sorte de vase.

Sainte-Lucie. Arbre sur lequel on greffe ordinairement le cerisier. On le désigne dans les campagnes sous le nom de *canon*, de *quenou*.

Sarclage. Action de travailler superficiellement la terre afin de détruire les mauvaises herbes.

Sarment. Bois produit chaque année par un cep de vigne.

Siccative (huile). Se dit d'une huile qui fait sécher promptement les couleurs auxquelles on la mêle.

Spatule. Partie d'un greffoir qui sert à soulever les écorces fendues en forme de T pour la greffe en écusson.

Sulfate de fer. Sel formé par la combinaison de l'acide sulfurique avec le fer. On désigne communément ce sel sous le nom de *couperose verte*.

Tubercule. Excroissance qui survient à une plante, principalement à sa racine, comme la pomme de terre, le dahlia.

Tuteur. Bâton ou baguette dont on fait usage pour soutenir les plantes ou les jeunes arbres, afin de leur donner une bonne direction.

Vivace. Se dit des plantes qui vivent plusieurs années.

TABLE ALPHABÉTIQUE

TABLE DES MATIÈRES

Paris. — Imp. E. Capiomont et Cⁱᵉ, rue des Poitevins, 6.

Armand COLIN et Cie, Éditeurs, 5, rue de Mézières, Paris.

Paris. — Imp. E. Capiomont et Cie, rue des Poitevins, 6.

www.ingramcontent.com/pod-product-compliance
Lightning Source LLC
LaVergne TN
LVHW021746170726
843503LV00004B/1752